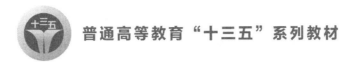

普通高等教育"十三五"系列教材

微积分训练与指导

浙江理工大学科技与艺术学院数学教研室　主编

U0280815

中国水利水电出版社
www.waterpub.com.cn
·北京·

内 容 提 要

  本习题册内容包括函数、极限与连续，导数与微分，微分中值定理与导数的应用，不定积分，定积分及其应用，二元函数微分学，二重积分，无穷级数以及微分方程等内容，以配套教材为主线，章、节名和先后顺序均与教材吻合，与《微积分》（上册、下册）配套使用。本习题册各章由内容摘要、练习题、复习题三部分组成，内容摘要概括了教材中的基本概念、基本法则、基本公式和基本方法；习题由浅入深，紧扣教材内容，并预留空白供解答用；复习题可供学生测试学习效果。

  本习题册可供经济类、管理类专业微积分数学教学使用。

图书在版编目（ＣＩＰ）数据

微积分训练与指导 / 浙江理工大学科技与艺术学院
数学教研室主编. -- 北京 : 中国水利水电出版社,
2016.8
普通高等教育"十三五"系列教材
ISBN 978-7-5170-4554-0

Ⅰ. ①微… Ⅱ. ①浙… Ⅲ. ①微积分－高等学校－教
学参考资料 Ⅳ. ①O172

中国版本图书馆CIP数据核字(2016)第193158号

书　　名	普通高等教育"十三五"系列教材 **微积分训练与指导** WEIJIFEN XUNLIAN YU ZHIDAO
作　　者	主编　浙江理工大学科技与艺术学院数学教研室
出版发行	中国水利水电出版社 （北京市海淀区玉渊潭南路 1 号 D 座　100038） 网址：www. waterpub. com. cn E - mail：sales@waterpub. com. cn 电话：(010) 68367658（营销中心）
经　　售	北京科水图书销售中心（零售） 电话：(010) 88383994、63202643、68545874 全国各地新华书店和相关出版物销售网点
排　　版	中国水利水电出版社微机排版中心
印　　刷	三河市鑫金马印装有限公司
规　　格	184mm×260mm　16 开本　10.25 印张　243 千字
版　　次	2016 年 8 月第 1 版　2016 年 8 月第 1 次印刷
印　　数	0001—3000 册
定　　价	**23.00** 元

凡购买我社图书，如有缺页、倒页、脱页的，本社营销中心负责调换

目　录

第一章 函数、极限与连续

函数、极限与连续（内容摘要一）

一、函数

1. 函数的定义及其两要素：定义域和对应关系.

2. 函数的基本性质：有界性、单调性、奇偶性、周期性.

3. 复合函数、初等函数、分段函数.

二、数列极限

1. 定义：已知数列 $\{x_n\}$，当 n 无限增大时（即 $n \to \infty$ 时），若 $\{x_n\}$ 无限接近一个确定的常数 a，则称 a 是数列 $\{x_n\}$ 的极限，此时也称数列 $\{x_n\}$ 收敛于 a，否则称数列 $\{x_n\}$ 发散.

2. 收敛数列的性质：唯一性，保号性，有界性.

注意：数列 $\{x_n\}$ 收敛一定有界，但数列 $\{x_n\}$ 有界不一定收敛.

3. 几个常用极限：$\lim\limits_{n \to \infty} q^n = 0$ $\ (|q| < 1)$，$\lim\limits_{n \to \infty} \sqrt[n]{a} = 1$ $\ (a > 0)$，$\lim\limits_{n \to \infty} \sqrt[n]{n} = 1$.

要求：（1）求函数的定义域；判断两函数是否相等；判断函数的有界性、单调性、奇偶性、周期性；函数的分解及复合；求函数的反函数；实际问题列函数关系式等.

（2）理解极限的定义，求简单数列的极限.

班级＿＿＿＿＿＿

姓名＿＿＿＿＿＿

函数、极限与连续（练习一）

一、选择题

1. 下列各对函数相等的是（　　　）.

A. x；$\sin(\arcsin x)$　　　　　　　B. $\sqrt{x^2}$；$(\sqrt{x})^2$

C. x；$\ln e^x$　　　　　　　　　　　D. $\cos x$；$\sqrt{1-\sin^2 x}$

2. 设 $f(x)$ 是奇函数，当 $x>0$ 时 $f(x)=x-x^2$，则当 $x<0$ 时 $f(x)=(\quad\quad)$.

A. $x+x^2$　　　　　　　　　　　　B. $x-x^2$

C. $-x-x^2$　　　　　　　　　　　D. $-x+x^2$

3. 函数 $f(x)=\sin\dfrac{1}{x}$ 在（0，1）内（　　　）.

A. 有界　　　　　　　　　　　　B. 无界

C. 单调增加　　　　　　　　　　D. 单调减少

4. 设 $\lim\limits_{n\to\infty}a_n=a$，$\lim\limits_{n\to\infty}b_n=b$，且 $a\neq b$，则数列 a_1，b_1，a_2，b_2，…，a_n，b_n，…的极限为（　　　）.

A. 不存在　　　　B. $a+b$　　　　C. a　　　　D. b

5. 下列命题正确的是（　　　）.

A. 若数列 $\{a_n\}$、$\{b_n\}$ 都收敛，则数列 $\{a_n+b_n\}$ 必收敛

B. 若数列 $\{a_n+b_n\}$ 收敛，则数列 $\{a_n\}$、$\{b_n\}$ 必都收敛

C. 若数列 $\{a_n\}$、$\{b_n\}$ 都发散，则数列 $\{a_n+b_n\}$ 必发散

D. 若数列 $\{a_n+b_n\}$ 发散，则数列 $\{a_n\}$、$\{b_n\}$ 必发散

二、填空题

1. 函数 $y=\sqrt{9-x^2}+\dfrac{1}{\lg(x-1)}$ 的定义域是＿＿＿＿＿＿＿＿＿＿＿＿＿.

2. 设函数 $f(x)$ 的定义域是 $[0,1]$，则函数 $y=f(\ln x)$ 的定义域为＿＿＿＿＿＿＿＿＿＿＿＿＿＿＿＿＿＿＿.

3. 若 $f(x)=\dfrac{x}{1-x}$，则 $f[f(x)]=$＿＿＿＿＿＿＿＿＿，$f_n(x)=\underbrace{f[f(\cdots f(x))]}_{n}=$＿＿＿＿＿＿＿＿＿.

4. 已知 $f(x)=\sin x$，而 $f[\varphi(x)]=1-x^2$，则 $\varphi(x)=$＿＿＿＿＿＿＿＿＿，其定义域为＿＿＿＿＿＿＿.

5. 已知函数 $f(x+1)=\begin{cases}x+2,0\leqslant x\leqslant 1\\ e^x,1<x\leqslant 2\end{cases}$，则 $f(x)=$＿＿＿＿＿＿＿＿＿.

6. 函数 $f(x)=\sin x+e^{\sin 2x}$ 的最小正周期为＿＿＿＿＿＿＿＿＿＿＿＿.

三、计算题

1. 下列函数是由哪些简单函数复合而成的？

（1）$y = e^{\sin\sqrt{1+x^2}}$ （2）$y = (\arctan\ln x)^{\frac{1}{3}}$

2. 设 $f\left(x + \dfrac{1}{x}\right) = x^3 + \dfrac{1}{x^3}$，$x \neq 0$，求 $f(x)$．

3. $\lim\limits_{n \to \infty} \dfrac{n + (-1)^n}{n^2}$

4. $\lim\limits_{n \to \infty} \dfrac{n^2 - n + 6}{2n^{\frac{5}{2}} + 2n^2 - 7}$

5. $\lim\limits_{n \to \infty} \left(\dfrac{1}{n^2} + \dfrac{2}{n^2} + \cdots + \dfrac{n-1}{n^2}\right)$

6. $\lim\limits_{n \to \infty} \dfrac{1+2^n+3^n+4^n}{3+4^{n+1}}$

7. $\lim\limits_{n \to \infty} \dfrac{1+a+a^2+\cdots+a^n}{1+b+b^2+\cdots+b^n}$，$|a|<1$，$|b|<1$，$a$、$b$ 为常数.

8. $\lim\limits_{n \to \infty} \left[\dfrac{1}{1\times 2} + \dfrac{1}{2\times 3} + \dfrac{1}{3\times 4} + \cdots + \dfrac{1}{n\,(n+1)} \right]$

9. 设 $f(x) = \mathrm{e}^x$，求极限 $\lim\limits_{n \to \infty} \dfrac{1}{n^2} \ln[f(1)f(2)\cdots f(n)]$.

四、应用题

某市居民在购房时，面积不超过 $120m^2$ 时按总房价的 1.5% 交税，面积超过 $120m^2$ 时超过部分要按房价的 3% 交税. 当房价是 a 元$/m^2$ 时，试建立购房总价与房屋面积 x 之间的函数关系.

函数、极限与连续（内容摘要二）

一、函数极限

1. 定义

（1）设函数 $f(x)$ 在 $|x|$ 充分大时（记作 $x \to \infty$）有定义．$\lim\limits_{x \to \infty} f(x) = A \Leftrightarrow$ 当 $x \to \infty$ 时，函数 $f(x)$ 无限接近常数 A，则称 A 是函数 $f(x)$ 当 $x \to \infty$ 时的极限．

（2）设函数 $f(x)$ 在 x_0 的某个去心邻域有定义．$\lim\limits_{x \to x_0} f(x) = A \Leftrightarrow$ 当 x 无限接近 x_0 时（记作 $x \to x_0$），函数 $f(x)$ 无限接近常数 A，则称 A 是函数 $f(x)$ 当 $x \to x_0$ 时的极限．

2. 左极限：$\lim\limits_{x \to x_0^-} f(x) = A$ 或 $f(x_0 - 0) = A$．右极限：$\lim\limits_{x \to x_0^+} f(x) = A$ 或 $f(x_0 + 0) = A$．

结论：$\lim\limits_{x \to x_0} f(x) = A \Leftrightarrow \lim\limits_{x \to x_0^-} f(x) = \lim\limits_{x \to x_0^+} f(x) = A$．

$\lim\limits_{x \to \infty} f(x) = A \Leftrightarrow \lim\limits_{x \to -\infty} f(x) = \lim\limits_{x \to +\infty} f(x) = A$（此时 $y = A$ 是函数图形的水平渐近线）．

3. 函数极限的性质：唯一性，局部有界性，局部保号性．

二、无穷小与无穷大

1. 无穷小

（1）定义：极限为零的量（函数或数列）称为无穷小（量）．

（2）性质：a. 有限个无穷小的和（积）还是无穷小．

b. 有界量与无穷小的积还是无穷小，如 $\lim\limits_{x \to 0} x \sin \dfrac{1}{x} = 0$，$\lim\limits_{n \to \infty} \dfrac{1}{n} \sin n = 0$．

（3）函数极限与无穷小的关系：$\lim f(x) = A \Leftrightarrow f(x) = A + \alpha(x)$，其中 $\alpha(x)$ 为无穷小．

（4）无穷小的比较：在自变量 x 的同一变化过程中，设 $\lim \alpha(x) = 0$，$\lim \beta(x) = 0$．

a. 若 $\lim \dfrac{\beta(x)}{\alpha(x)} = 0$，称 $\beta(x)$ 是比 $\alpha(x)$ 的高阶无穷小，记作 $\beta = o(\alpha)$（反之低阶）．

b. 若 $\lim \dfrac{\beta(x)}{\alpha(x)} = c \neq 0$，称 $\beta(x)$ 与 $\alpha(x)$ 是同阶无穷小．

特别当 $c = 1$ 时，称 $\beta(x)$ 与 $\alpha(x)$ 是等价无穷小，记作 $\beta \sim \alpha \left(\Leftrightarrow \lim \dfrac{\beta(x)}{\alpha(x)} = 1 \right)$．

（5）常用的等价无穷小：当 $u \to 0$ 时，有

$$u \sim \sin u \sim \tan u \sim \arcsin u \sim \arctan u \sim e^u - 1 \sim \ln(1 + u)$$

$$\sqrt[n]{1 + u} - 1 \sim \frac{1}{n} u, \quad 1 - \cos u - \frac{1}{2} u^2$$

这里的 u 可以是自变量 x 也可以是趋于零的函数，如当 $x \to 0$ 时，$\sin 2x^3 \sim 2x^3$（$u = 2x^3$）．

注意：记住以上等价无穷小，在解决极限的计算、无穷小的比较、间断点的分类等问题（这些问题都需要求极限）时，做到在乘积中熟练替换，简化计算．

2. 无穷大

（1）定义：当 $x \to x_0$（或 $x \to \infty$）时 $f(x)$ 的绝对值 $|f(x)|$ 无限增大，则称函数 f

（x）是当 $x \to x_0$（或 $x \to \infty$）时的无穷大（量），记为 $\lim\limits_{\substack{x \to x_0 \\ (x \to \infty)}} f(x) = \infty$.

（2）无穷大与无界函数的关系：无穷大必是无界函数，反之不然．

（3）无穷小与无穷大的关系：倒数关系．

三、极限的四则运算法则和复合运算法则

1. 设 $\lim f(x) = A, \lim g(x) = B$，则 $\lim[f(x) \pm g(x)] = A \pm B$，$\lim[f(x)g(x)] = AB$，$\lim \dfrac{f(x)}{g(x)} = \dfrac{A}{B}(B \neq 0)$．

注意：前提是极限存在．

2. 有理分式函数在 $x \to \infty$ 时的极限：

$$\lim_{x \to \infty} \frac{a_n x^n + a_{n-1} x^{n-1} + \cdots + a_1 x + a_0}{b_m x^m + b_{m-1} x^{m-1} + \cdots + b_1 x + b_0} = \begin{cases} 0, & n < m \\ \dfrac{a_n}{b_m}, & n = m \\ \infty, & n > m \end{cases}$$

3. $\lim\limits_{x \to x_0} f[g(x)] \xlongequal{u = g(x)} \lim\limits_{u \to u_0} f(u) = A$，这里 $u_0 = \lim\limits_{x \to x_0} g(x)$.

四、两个重要极限

1. $\lim\limits_{x \to \infty} \dfrac{\sin x}{x} = 1$　一般地若 $\lim \phi(x) = 0$，则 $\lim \dfrac{\sin \phi(x)}{\phi(x)} = 1$.

注意：$\lim\limits_{x \to \infty} \dfrac{\sin x}{x} = 0$，　$\lim\limits_{x \to \infty} x \sin \dfrac{1}{x} = 1$，　$\lim\limits_{x \to 0} x \sin \dfrac{1}{x} = 0$

2. $\lim\limits_{x \to +\infty} \left(1 - \dfrac{1}{x}\right)^x = e$，一般地若 $\lim \phi(x) = \infty$，则 $\lim \left[1 + \dfrac{1}{\phi(x)}\right]^{\phi(x)} = e$.

注意：$\lim\limits_{n \to \infty} \left(1 - \dfrac{1}{x}\right)^x = 1$，$\lim\limits_{x \to 0} (1 + x)^{\frac{1}{x}} = e$

要求：（1）通过求极限比较无穷小的阶．

（2）利用二个重要极限计算函数的极限．

班级＿＿＿＿＿＿＿＿

姓名＿＿＿＿＿＿＿＿

函数、极限与连续（练习二）

一、选择题

1. $\lim\limits_{x\to x_0^+} f(x)$ 和 $\lim\limits_{x\to x_0^-} f(x)$ 都存在是 $\lim\limits_{x\to x_0} f(x)$ 存在的（　　　）条件．

A. 充分

B. 必要

C. 充分必要

D. 既非充分也非必要

2. 下列极限不正确的是（　　　）．

A. $\lim\limits_{x\to 0} e^{\frac{1}{x}}=\infty$ 　　　B. $\lim\limits_{x\to 0^-} 2^{\frac{1}{x}}=0$ 　　　C. $\lim\limits_{x\to 0^+} 3^{\frac{1}{x}}=+\infty$ 　　　D. $\lim\limits_{x\to\infty} e^{\frac{1}{x}}=1$

3. 极限 $\lim\limits_{n\to\infty}\dfrac{1}{\sqrt{n}}\sin\dfrac{n\pi}{2}=$（　　　）．

A. ∞ 　　　　　　B. 1 　　　　　　　C. 0 　　　　　　　D. 不存在

4. $\lim\limits_{x\to 3}\dfrac{x-3}{x^2-9}=$（　　　）．

A. 0 　　　　　　　B. 1/6 　　　　　　C. 3 　　　　　　　D. ∞

5. 设 $f(x)=x^2-x^3$，则当 $x\to 0$ 时，$f(x)$ 关于 x 是（　　　）．

A. 等价无穷小

B. 同阶非等价无穷小

C. 高阶无穷小

D. 低阶无穷小

6. 当 $x\to 0$ 时，若 $(1+ax^2)^{\frac{1}{3}}-1$ 与 $1-\cos x$ 为等价无穷小，则 $a=$（　　　）．

A. 2/3 　　　　　　B. 1/3 　　　　　　C. 1 　　　　　　　D. 3/2

二、填空题

1. $\lim\limits_{x\to 0^+}\dfrac{1}{x}=$ ＿＿＿＿＿＿＿＿　　　$\lim\limits_{x\to 0^-}\dfrac{1}{x}=$ ＿＿＿＿＿＿＿＿

$\lim\limits_{x\to 0^+} e^{\frac{1}{x}}=$ ＿＿＿＿＿＿＿＿　　　$\lim\limits_{x\to 0^-} e^{\frac{1}{x}}=$ ＿＿＿＿＿＿＿＿

$\lim\limits_{x\to\infty} 2^{\frac{1}{x}}=$ ＿＿＿＿＿＿＿＿　　　$\lim\limits_{x\to +\infty} 2^{\frac{1}{x}}=$ ＿＿＿＿＿＿＿＿

$\lim\limits_{x\to -\infty} 2^{\frac{1}{x}}=$ ＿＿＿＿＿＿＿＿　　　$\lim\limits_{x\to 0^+}\ln\dfrac{1}{x}=$ ＿＿＿＿＿＿＿＿

$\lim\limits_{x\to +\infty}\ln\dfrac{1}{x}=$ ＿＿＿＿＿＿＿＿　　　$\lim\limits_{x\to 0^+}\dfrac{1}{\ln x}=$ ＿＿＿＿＿＿＿＿

2. 设 $f(x)=\begin{cases}1,x>1\\-1,x<1\\a,x=1\end{cases}$，且 $\lim\limits_{x\to 1^-} f(x)=a$，则 $a=$ ＿＿＿＿＿＿＿＿．

3. 设函数 $f(x)=\begin{cases}e^{\frac{1}{x}},x<0\\a+\sin x,x>0\end{cases}$，当 $a=$ ＿＿＿＿＿＿＿＿时 $\lim\limits_{x\to 0} f(x)$ 存在．

4. $\lim\limits_{x\to 2}\dfrac{2x+1}{x^3+3x+1}=$ ＿＿＿＿＿＿＿＿　　　5. $\lim\limits_{x\to 2}\dfrac{2x+1}{x^2-4}=$ ＿＿＿＿＿＿＿＿

6. $\lim\limits_{x\to\infty}\dfrac{x^2+x}{x^4-3x^2+1}=$ _____

7. $\lim\limits_{x\to\infty}\dfrac{2x^2+x}{x^2-3x+1}=$ _____

8. $\lim\limits_{x\to\infty}\dfrac{2x^3+x}{x^2-3x+1}=$ _____

9. $\lim\limits_{x\to1}\left(\dfrac{1}{1-x}-\dfrac{2}{1-x^2}\right)=$ _____

10. $\lim\limits_{x\to1}\dfrac{\sin(x^2-1)}{x-1}=$ _____

11. $\lim\limits_{x\to0}\left(\dfrac{2-x}{2}\right)^{\frac{2}{x}}=$ _____

12. $\lim\limits_{x\to\infty}\dfrac{x}{x+\sin x}=$ _____

13. $\lim\limits_{x\to0}\sqrt[x]{1+2x}=$ _____

14. $\lim\limits_{x\to0^-}\dfrac{2^{\frac{1}{x}}-1}{2^{\frac{1}{x}}+1}=$ _____

$\lim\limits_{x\to0^+}\dfrac{2^{\frac{1}{x}}-1}{2^{\frac{1}{x}}+1}=$ _____

$\lim\limits_{x\to0}\dfrac{2^{\frac{1}{x}}-1}{2^{\frac{1}{x}}+1}=$ _____

三、求下列极限

1. $\lim\limits_{x\to1}\dfrac{x^3-1}{2x^2-x-1}$

2. $\lim\limits_{x\to-4}\dfrac{x+4}{\sqrt{5-x}-3}$

3. $\lim\limits_{x\to+\infty}x\left(\sqrt{9x^2+1}-3x\right)$

4. $\lim\limits_{n\to\infty}\sqrt{n}\ (\sqrt{n+3}-\sqrt{n})$

四、利用等价无穷小求下列极限

1. $\lim\limits_{x\to 0}\dfrac{\ln\ (1+\sin2x)}{e^x-1}$

2. $\lim\limits_{x\to 0}\dfrac{\arctan4x}{\ln\ (1+2x)}$

3. $\lim\limits_{x\to 0}\dfrac{x\ln\ (1+x)}{1-\cos x}$

4. $\lim\limits_{x\to 0}\dfrac{1-\cos x}{x\tan x}$

5. $\lim\limits_{x\to 0}\dfrac{\tan x-\sin x}{x^3}$

6. $\lim\limits_{x\to 0}\dfrac{1}{x}\ln (1+x+x^2)$

7. $\lim\limits_{x\to \infty}\dfrac{3x^2+5}{5x+3}\sin \dfrac{2}{x}$

8. $\lim\limits_{x\to 0}\dfrac{\sqrt{1+x\sin x}-1}{\mathrm{e}^{x^2}-1}$

五、证明：当 $x\to 0$ 时，无穷小 $\dfrac{\ln(1-4x^3)}{2}=o(x^2)$.

函数、极限与连续（内容摘要三）

一、函数的连续性与间断点

1. 定义：函数 $f(x)$ 在点 x_0 处连续 $\Leftrightarrow \lim\limits_{x \to x_0} f(x) = f(x_0)$（或 $\lim\limits_{\Delta x \to 0} \Delta y = 0$）

注意：$f(x)$ 在点 x_0 处连续必须满足三个条件：①有定义；②有极限；③极限值＝函数值.

2. $f(x)$ 在点 x_0 处左（右）连续 $\Leftrightarrow \lim\limits_{x \to x_0^-} f(x) = f(x_0) \left[\lim\limits_{x \to x_0^+} f(x) = f(x_0) \right]$

结论：$f(x)$ 在点 x_0 处连续 $\Leftrightarrow f(x)$ 在点 x_0 处既左连续又右连续.

注意：讨论分段函数在分段点的连续性需用以上结论.

3. $f(x)$ 在区间上连续 $\Leftrightarrow f(x)$ 在区间内处处连续. 若是闭区间 $[a, b]$，只在开区间 (a, b) 内连续，在 a 点右连续，b 点左连续.

4. 点 x_0 是 $f(x)$ 的间断点 $\Leftrightarrow f(x)$ 在 x_0 不连续，即不满足三个连续条件中至少一条.

5. 间断点分类 $\begin{cases} \text{第一类间断点} \Leftrightarrow \text{左右极限均存在的间断点} \\ \text{第二类间断点} \Leftrightarrow \text{左右极限至少有一个不存在（无穷，振荡间断点）} \end{cases}$

若 x_0 是 $f(x)$ 的第一类间断点，有 $\begin{cases} \text{跳跃间断点，} f(x_0 + 0) \neq f(x_0 - 0) \\ \text{可去间断点，} f(x_0 + 0) = f(x_0 - 0) \text{即极限存在} \end{cases}$

注意：（1）求间断点方法：没有定义的点（一定是），分段函数的分段点（可能是）.

（2）判断间断点类型方法：求间断点的极限，左右极限.

二、一切初等函数在其定义区间上是连续函数

1. 基本初等函数在其定义域上连续.

2. 连续函数的和、差、积、商（分母不为零）都是连续函数.

3. 连续函数的复合函数是连续函数.

三、闭区间上连续函数的性质

1. 有界与最值定理：闭区间上连续函数一定有界且存在最大值与最小值.

2. 零点定理：设 $f(x)$ 在 $[a, b]$ 上连续，且 $f(a)f(b) < 0$，则 $\exists \xi \in (a, b)$ 使得 $f(\xi) = 0$.

几何意义：连续曲线弧 $y = f(x)$ 的两个端点如果位于 x 轴的两侧，则曲线弧与 x 轴至少有一个交点.

3. 介值定理：设 $f(x)$ 在 $[a, b]$ 上连续，且 $f(a) \neq f(b)$，则存在 $\xi \in (a, b)$，使得
$$f(a) < f(\xi) < f(b) [\text{或 } f(b) < f(\xi) < f(a)]$$

注意：讨论方程的根，证明闭区间上连续函数含有中值 $\xi \in (a, b)$ 这一类等式的证明题，常用零点定理.

要求：（1）用定义讨论函数的连续性.

（2）判断间断点的类型.

（3）利用零点定理证明一些结论.

班级_____

姓名_____

函数、极限与连续（练习三）

一、选择题

1. $\lim\limits_{x\to x_0-0}f(x)=\lim\limits_{x\to x_0+0}f(x)$ 是 $f(x)$ 在点 x_0 连续的（　　　）条件.

A. 必要非充分　　　B. 充分非必要　　　C. 充分且必要　　　D. 既非充分也非必要

2. 下列函数在定义域内连续的是（　　　）.

A. $f(x)=\ln x+\sin x$ 　　　　　B. $f(x)=\begin{cases}\sin x,x\leqslant 0\\\cos x,x>0\end{cases}$

C. $f(x)=\begin{cases}x+1,&x<0\\0,&x=0\\x-1,&x>0\end{cases}$ 　　　D. $f(x)=\begin{cases}\dfrac{1}{\sqrt{|x|}},x\neq 0\\0,x=0\end{cases}$

3. 设函数 $y=\begin{cases}x\sin\dfrac{1}{x},&x<0\\2x+1,&x\geqslant 0\end{cases}$ ，则 $x=0$ 是函数的（　　　）.

A. 可去间断点　　　　　　　B. 跳跃间断点

C. 连续点　　　　　　　　　D. 第二类间断点

4. 下列命题正确的是（　　　）.

A. 若 $f(x)$ 在 $[a,b]$ 上有界，则 $f(x)$ 在 $[a,b]$ 上连续

B. 若 $f(x)$ 在 $[a,b]$ 上有最大值，则 $f(x)$ 在 $[a,b]$ 上连续

C. 若 $f(x)$ 在 $[a,b]$ 上无界，则 $f(x)$ 在 $[a,b]$ 上不连续

D. 若 $f(x)$ 在 (a,b) 上连续，则 $f(x)$ 在 (a,b) 上有最大值

二、填空题

1. $f(x)=\ln\arcsin x$ 的连续区间是_____.

2. $\lim\limits_{x\to 0}\sqrt{x^2-2x+3}=$_____；$\lim\limits_{x\to+\infty}\sqrt{2\pi\arctan x}=$_____；$\lim\limits_{x\to 0}\sqrt{\ln\dfrac{\tan x}{x}}=$_____.

3. 设 $f(x)=\dfrac{x^3+3x^2-x-3}{x^2+x-6}$ ，则 $\lim\limits_{x\to 0}f(x)=$_____；$\lim\limits_{x\to-3}f(x)=$_____；$\lim\limits_{x\to 2}f(x)=$_____，且 $x=0$ 为_____；$x=-3$ 为_____；$x=2$ 为_____（填连续点、第一类间断点、第二类间断点）.

4. 设 $f(x)=\begin{cases}x^2+a,x>1\\2x-1,x\leqslant 1\end{cases}$ ，则当 $a=$_____时，$f(x)$ 在 $x=1$ 点连续.

5. 设 $f(x)=\begin{cases}x^{\frac{1}{x-1}},0<x<1\\e^{x+k},x\geqslant 1\end{cases}$ 在 $x=1$ 处连续，则 $k=$_____.

三、

设 $f(x)=\begin{cases}x\sin\dfrac{1}{x},&x<0\\e^{-\frac{1}{x}},&0<x\leqslant 1\\\dfrac{1}{x-1},&x>1\end{cases}$ ，求间断点并判别其类型.

15

四、函数 $f(x) = \dfrac{\sin x}{x} + \dfrac{x^2-1}{(x-1)(x-2)}$，求间断点并判别其类型.

五、讨论函数 $f(x) = \lim\limits_{n \to \infty} \dfrac{1-x^{2n}}{1+x^{2n}} x$ 的连续性. 若 $f(x)$ 有间断点，判别其类型.

六、证明：方程 $\sin x + x + 1 = 0$ 在开区间 $\left(-\dfrac{\pi}{2}, \dfrac{\pi}{2}\right)$ 内至少有一个根.

七、设函数 $f(x)$ 在 $[a, b]$ 上连续，且 $f(a) < a, f(b) > b$. 证明在 (a, b) 内至少有一点 ξ，使得 $f(\xi) = \xi$.

班级_____

姓名_____

函数、极限与连续（复习题）

一、选择题

1. 下列结论正确的是（　　）.

A. 若 $\lim f(x)$ 和 $\lim f(x)g(x)$ 都存在，则 $\lim g(x)$ 一定存在

B. 若 $\lim f(x) = \lim g(x)$，则 $\lim \dfrac{f(x)}{g(x)} = 1$

C. 若 $\lim f(x) = A, \lim g(x) = B$，则 $\lim \dfrac{f(x)}{g(x)} = \dfrac{A}{B}$

D. 若 $\lim [f(x) + g(x)]$ 存在，且 $\lim f(x)$ 不存在，则 $\lim g(x)$ 不存在

2. 若 $\lim f(x) = +\infty, \lim g(x) = +\infty$，则必有（　　）.

A. $\lim [f(x) - g(x)] = 0$ 　　　　B. $\lim \dfrac{f(x)}{g(x)} = 1$

C. $\lim a f(x) = \infty$ 　　　　　　D. $\lim \dfrac{1}{f(x) + g(x)} = 0$

3. 若 $\lim\limits_{x \to 0} \dfrac{x^k \sin \dfrac{1}{x}}{\sin x^2} = 0$，则（　　）.

A. $k > 0$ 　　　　B. $k \geqslant 1$ 　　　　C. $k < 2$ 　　　　D. $k > 2$

4. 当 $x \to 0$ 时，无穷小量 $\sqrt{4+x} - 2$ 是 $\sqrt{9+x} - 3$ 的（　　）无穷小.

A. 高阶 　　　　B. 低阶 　　　　C. 等价 　　　　D. 同阶不等价

5. 设 $f(x) = \begin{cases} \mathrm{e}^{\frac{1}{x-1}}, & x > 0 \\ \ln(1+x), & -1 < x \leqslant 0 \end{cases}$，则 $x = 0$ 是函数 $f(x)$ 的（　　）.

A. 连续点 　　　B. 跳跃间断点 　　　C. 可去间断点 　　　D. 无穷间断点

二、填空题

1. 若 $\lim\limits_{n \to \infty} \dfrac{an^3 + bn^2 + 2}{2n^2 + 2n - 10} = 1$，则 $a = $_____，$b = $_____.

2. 当 $k = $_____时，极限 $\lim\limits_{x \to \infty} \left(1 + \dfrac{k}{x}\right)^{x+1} = \sqrt{\mathrm{e}}$.

3. $\lim\limits_{x \to \pi} \dfrac{\sin x}{\pi - x} = $_____

4. 若 $\lim\limits_{x \to \infty} \dfrac{(x-1)(x-2)(x-3)(x-4)(x-5)}{(3x-1)^a} = \beta \neq 0$，则 $a = $_____，$\beta = $_____.

5. 已知 $\lim\limits_{x \to \infty} \left(\dfrac{x^2 + 2x}{x+1} - x + a\right) = 0$，则 $a = $_____.

6. 设函数 $f(x) = \begin{cases} \dfrac{\sin 2x^2 - \sin 3x^2}{x^2}, & x \neq 0 \\ A, & x = 0 \end{cases}$ 在 $x = 0$ 处连续，则 $A = $_____.

7. 设函数 $f(x)$ 在 $x = 1$ 处连续，且 $\lim\limits_{x \to 1} \dfrac{f(x) + 2}{x - 1} = 3$，则 $f(1) = $_____.

8. $x \to \infty$ 时，若 $\dfrac{1}{ax^2 + bx + c} \sim \dfrac{1}{x+1}$，则 $a=$_____，$b=$_____，$c=$_____.

9. 使函数 $f(x) = \ln(1+kx)^{\frac{m}{x}}$ 在 $x=0$ 处连续，应补充定义 $f(0)=$_____.

三、计算题

1. $\lim\limits_{x \to 1} \dfrac{\sin(\sqrt{x}-1)}{x-1}$

2. 设 $\lim\limits_{x \to \infty} \left(\dfrac{x+2a}{x-a} \right)^x = 8$，求常数 a.

3. $\lim\limits_{n \to \infty} n^3 \sin \dfrac{\sqrt{x}}{n^3}$

4. $\lim\limits_{x \to \infty} \dfrac{2x+1}{3x^2+3}(4-\cos x)$

5. $\lim\limits_{n\to\infty}\left(\dfrac{1}{n^2+1}+\dfrac{1}{n^2+2}+\cdots+\dfrac{1}{n^2+n}\right)$ 　（提示：夹逼准则）

四、设 $a_1>0$，$a_{n+1}=\dfrac{1}{2}\left(a_n+\dfrac{1}{a_n}\right)$，利用单调有界数列必收敛准则，证明数列 $\{a_n\}$ 收敛，并求 $\lim\limits_{n\to\infty}a_n$.

五、证明方程 $x^3-3x^2-9x+1=0$ 在开区间（0，1）内有唯一实根.

第二章 导数与微分

导数与微分（内容摘要一）

一、导数的概念

1. 定义：函数 $y=f(x)$ 在点 x_0 处的导数 $f'(x_0)=y'(x_0)=\dfrac{\mathrm{d}y}{\mathrm{d}x}\Big|_{x=x_0}=\lim\limits_{\Delta x\to 0}\dfrac{\Delta y}{\Delta x}=$

$\lim\limits_{\Delta x\to 0}\dfrac{f(x_0+\Delta x)-f(x_0)}{\Delta x}=\lim\limits_{h\to 0}\dfrac{f(x_0+h)-f(x_0)}{h}=\lim\limits_{x\to x_0}\dfrac{f(x)-f(x_0)}{x-x_0}$ （存在）

此时也称 $f(x)$ 在 x_0 处可导.

2. $y=f(x)$ 在点 x_0 的左（右）导数：$f'_{\mp}(x_0)=\lim\limits_{\Delta x\to 0^{\mp}}\dfrac{f(x_0+\Delta x)-f(x_0)}{\Delta x}=$

$\lim\limits_{x\to x_0^{\mp}}\dfrac{f(x)-f(x_0)}{x-x_0}$

$$结论：f'(x_0)=A\Leftrightarrow f'_+(x_0)=f'_-(x_0)=A$$

注意：讨论分段函数在分段点是否可导需用以上结论.

3. 函数 $f(x)$ 在区间 I 上可导 $\Leftrightarrow f(x)$ 在区间 I 上每一点可导. 若 $I=[a,b]$，指在开区间 (a,b) 内每一点可导，在 a 点右可导，b 点左可导.

$$导函数\ f'(x)=y'=\dfrac{\mathrm{d}y}{\mathrm{d}x}=\lim\limits_{\Delta x\to 0}\dfrac{f(x+\Delta x)-f(x)}{\Delta x}$$

注意：$f'(x)$ 是 x 的函数，$f'(x_0)=f'(x)\big|_{x=x_0}$.

4. 可导与连续的关系：可导一定连续，但连续不一定可导.

5. 导数的几何意义：$f'(x_0)$ 表示曲线 $y=f(x)$ 在点 $(x_0,y_0=f(x_0))$ 处切线的斜率 k.

切线（法线）方程：$y-y_0=f'(x_0)(x-x_0)$ $\left(y-y_0=-\dfrac{1}{f'(x_0)}(x-x_0)\right)$

特别若 $f'(x_0)=0$，则切线：$y=y_0$，法线：$x=x_0$.

二、导（函）数的计算

1. 熟记基本初等函数的导数公式（见教材 P_{79}）.

2. 导数的四则运算法则：

(1) $(u\pm v)'=u'\pm v'$ (2) $(uv)'=u'v+uv'$

(3) $\left(\dfrac{u}{v}\right)'=\dfrac{u'v-uv'}{v^2}$，$\left(\dfrac{1}{v}\right)'=-\dfrac{v'}{v^2}$

3. 反函数的导数：

$$\dfrac{\mathrm{d}y}{\mathrm{d}x}=\dfrac{1}{\dfrac{\mathrm{d}x}{\mathrm{d}y}}$$

4. 复合函数的导数：设 $y=f(u),u=\varphi(x)$，则复合函数 $y=f[\varphi(x)]$ 的导数：

$$\dfrac{\mathrm{d}y}{\mathrm{d}x}=\dfrac{\mathrm{d}y}{\mathrm{d}u}\cdot\dfrac{\mathrm{d}u}{\mathrm{d}x}\quad 或\quad y'=f'(u)\cdot\varphi'(x)$$

注意：(1) $\left[f(\varphi(x))\right]' \neq f'\left[\varphi(x)\right]$

      (2) 若 $f(x)$ 既有四则运算又有复合运算，求导时先四则运算再复合函数求导.

要求：(1) 用定义讨论函数某点（例如分段点）的导数.

      (2) 由导数的几何意义求曲线的切线与法线方程.

      (3) 熟练掌握导数的四则运算法则，复合函数的求导法则，求初等函数的导数.

班级＿＿＿＿＿＿＿＿＿

姓名＿＿＿＿＿＿＿＿＿

导数与微分（练习一）

一、选择题

1. $f'_-(x_0)$ 与 $f'_+(x_0)$ 都存在是 $f'(x_0)$ 存在的（　　　）条件.

A. 充分　　　　　　B. 必要　　　　　　C. 充分必要　　　　　D. 既非充分也非必要

2. 曲线 $y=\dfrac{1}{3}x^3+\dfrac{1}{2}x^2+6x+1$ 在点（0，1）处的切线与 x 轴的交点的坐标是（　　　）.

A. $\left(-\dfrac{1}{6},\ 0\right)$　　　　B. （-1，0）　　　　C. $\left(\dfrac{1}{6},\ 0\right)$　　　　D. （1，0）

3. 曲线 $y=ax^2$ 与 $y=\ln x$ 在 $(x_0,\ y_0)$ 相切，则 $a=$（　　　）.

A. $e^{\frac{1}{2}}$　　　　　　B. e　　　　　　C. $\dfrac{1}{2}$　　　　　D. $\dfrac{1}{2e}$

4. 已知 $\lim\limits_{\Delta x\to 0}\dfrac{f(x_0-b\Delta x)-f(x_0)}{\Delta x}=1$，且 $f'(x_0)=2$，则 $b=$（　　　）.

A. 1　　　　　　　B. $-\dfrac{1}{2}$　　　　　C. $\dfrac{1}{2}$　　　　　D. -2

二、填空题

1. 已知 $f'(1)=4$，则 $\lim\limits_{x\to 1}\dfrac{f(3-2x)-f(1)}{x-1}=$＿＿＿＿＿＿＿＿＿.

2. $y=\dfrac{1}{\sqrt{x}}+1$ 在 $x=1$ 处的切线方程是＿＿＿＿＿＿＿＿＿＿＿＿.

3. $y=x^3+\dfrac{7}{x^4}-\dfrac{2}{x}+12$，则 $y'=$＿＿＿＿＿＿＿＿.

4. $y=5x^3-2^x+3e^x$，则 $y'=$＿＿＿＿＿＿＿＿.

5. $y=2\tan x+\sec x-1$，则 $y'=$＿＿＿＿＿＿＿＿.

6. $y=\sin x\cos x$，则 $y'=$＿＿＿＿＿＿＿＿.

7. $y=x^2\ln x$，则 $y'=$＿＿＿＿＿＿＿＿.

8. $y=\dfrac{\ln x}{x}$，则 $y'=$＿＿＿＿＿＿＿＿.

9. $y=x^2\ln x\cos x$，则 $y'=$＿＿＿＿＿＿＿＿.

10. $y=3x\sqrt{x}+\dfrac{e^x}{x^2}-\ln 3$，则 $y'=$＿＿＿＿＿＿＿＿.

11. $y=\dfrac{1+\sin x}{1+\cos x}$，则 $y'=$＿＿＿＿＿＿＿＿.

12. 设 $f(x)=x(x+1)(x+2)\cdots(x+n)$，则 $f'(0)=$＿＿＿＿＿＿＿＿.

13. 已知 $y=f\left(\dfrac{\sqrt{x}}{\ln x}\right)$，其中 f 可微，则 $y'=$＿＿＿＿＿＿＿＿.

14. $y=\cos 2x-\cos x^2+\cos^2 x$，则 $y'=$＿＿＿＿＿＿＿＿.

15. $y = e^{2x}\sin(3x+5)$，则 $y' = $ _____.

16. $y = \left(\arcsin\dfrac{x}{2}\right)^2$，则 $y' = $ _____.

17. $f(x) = e^{-x}$，则 $f'(\ln x) = $ _____.

三、计算题

1. $y = \sqrt{x^2 + \ln x}$

2. $f(x) = \arctan\dfrac{1+x}{1-x}$，求 $f'(x)$ 和 $f'(0)$.

3. $y = x\arcsin\sqrt{1-x^2}$

4. $y = \sin^n x\cos nx$，求 y'.

5. $y = \dfrac{e^t - e^{-t}}{e^t + e^{-t}}$

6. $y=\arcsin\sqrt{\dfrac{1-x}{1+x}}$

7. $y=\dfrac{\sqrt{1+x}-\sqrt{1-x}}{\sqrt{1+x}+\sqrt{1-x}}$，求 y'.

8. $y=\ln\tan\dfrac{x}{2}-\cos x\ln\tan x$，求 y'.

9. $y=x\arcsin\dfrac{x}{2}+\sqrt{4-x^2}$，求 y'.

10. $y=\arctan e^x-\ln\sqrt{\dfrac{e^x}{1+e^{2x}}}$，求 $\dfrac{dy}{dx}\Big|_{x=1}$.

11. 已知 $y = f\left(\dfrac{3x-2}{3x+2}\right)$，$f'(x) = \arcsin x^2$，求 $\dfrac{\mathrm{d}y}{\mathrm{d}x}\Big|_{x=0}$.

12. 求过原点且与曲线 $y = (1+x)^3$ 相切的直线方程.

导数与微分（内容摘要二）

一、高阶导数

1. 定义：$y = f(x)$ 的二阶导数 $y'' = f''(x) = \dfrac{d^2 y}{dx^2} = \lim\limits_{\Delta x \to 0} \dfrac{f'(x + \Delta x) - f'(x)}{\Delta x}$ （存在）．

一般地，n 阶导数 $y^{(n)} = f^{(n)}(x) = \dfrac{d^n y}{dx^n}$ ，$y^{(n)} = (y^{(n-1)})'$．

注意：计算高阶导数的方法：多次接连地求导数．注意化简、归纳．

2. 几个常用函数的 n 阶导数

(1) $P_n(x) = a_n x^n + a_{n-1} x^{n-1} + \cdots + a_1 x + a_0$ （n 次多项式），则

$$(P_n(x))^{(n)} = a_n \cdot n! \qquad (P_n(x))^{(n+1)} = 0$$

(2) $(e^x)^{(n)} = e^x$，$(e^{ax})^{(n)} = a^n e^x$

(3) $(\sin x)^{(n)} = \sin\left(x + n\dfrac{\pi}{2}\right)$，$(\cos x)^{(n)} = \cos\left(x + n\dfrac{\pi}{2}\right)$

一般地，$(\sin(ax + b))^{(n)} = a^n \sin\left(ax + b + n\dfrac{\pi}{2}\right)$

(4) $\left(\dfrac{1}{1-x}\right)^{(n)} = \dfrac{n!}{(1-x)^{n+1}}$，$\left(\dfrac{1}{1+x}\right)^{(n)} = \dfrac{(-1)^n \cdot n!}{(1+x)^{n+1}}$

3. 乘积函数高阶导数的莱布尼茨公式：$(uv)^{(n)} = \sum\limits_{k=0}^{n} C_n^k u^{(k)} v^{(n-k)}$（其中 $u^{(0)} = u$，$v^{(0)} = v$）．

二、隐函数的导数 ［即求 $F(x, y) = 0$ 确定的函数的导数］

1. 方法：方程 $F'(x, y) = 0$ 两边对 x 求导，得到关于 y' 的方程，解出 y'（一般都含有 x，y）．

注意：y 是由方程确定的 x 的函数：$y = y(x)$，所以遇到 y 时要运用复合函数的求导法则，例如：$(y^2)' = 2y \cdot y'$，$(\sin y)' = \cos y \cdot y'$ 等．

2. 对数求导法：(1) 方程两边取对数；(2) 方程两边对 x 求导；(3) 解出 y'［适用于幂指函数 $y = u(x)^{v(x)}$ 和多个因子乘积函数的导数］．

三、参数方程的导数

设参数方程 $\begin{cases} x = x(t) \\ y = y(t) \end{cases}$ 确定了函数 $y = y(x)$，则 $y'(x) = \dfrac{dy}{dx} = \dfrac{y'(t)}{x'(t)}$ （参数 t 的函数），

$\dfrac{d^2 y}{dx^2} = \dfrac{dy'(x)}{dx} = \dfrac{[y'(x)]'_t}{x'(t)}$ （还是参数 t 的函数）．

四、函数的微分

1. 定义：设 $y = f(x)$，若 $\Delta y = f(x_0 + \Delta x) - f(x_0) = A \cdot \Delta x + o(\Delta x)$（这里 A 只与 x_0 有关与 Δx 无关）则称 $dy = A \cdot \Delta x$ 为 $f(x)$ 在 x_0 处的微分，并称 $f(x)$ 在点 x_0 处可微．

2. 微分的几何意义：dy 表示曲线 $y = f(x)$ 在点 $(x_0, f(x_0))$ 的切线上，点 $x_0 + \Delta x$ 处的纵坐标与点 x_0 处的纵坐标之差（即切线的增量）．当 $|\Delta x|$ 很小时，切线 $\approx$ 曲线．

3. 可微与可导的关系：$f(x)$ 在点 x_0 处可微 $\Leftrightarrow f(x)$ 在点 x_0 处可导．

4. 微分的计算：$\mathrm{d}y = f'(x)\mathrm{d}x$ $[f(x)$ 在点 x_0 处的微分 $\mathrm{d}y|_{x=x_0} = f'(x_0)\mathrm{d}x]$.

（1）熟记基本初等函数的微分公式（见教材 P_{93}）．

（2）函数和、差、积、商的微分法则：

$$\mathrm{d}(u \pm v) = \mathrm{d}u \pm \mathrm{d}v, \mathrm{d}(uv) = u\mathrm{d}v + v\mathrm{d}u, \mathrm{d}\left(\frac{u}{v}\right) = \frac{v\mathrm{d}u - u\mathrm{d}v}{v^2}$$

（3）复合函数的微分法则（一阶微分形式不变性）：设 $y = f(u)$，无论 u 是自变量还是中间变量 $[u = \varphi(x)]$ 均有 $\mathrm{d}y = f'(u)\mathrm{d}u$.

注意：1. $y = f(x)$，$F(x,y) = 0$，$\begin{cases} x = x(t) \\ y = y(t) \end{cases}$ 都可表示平面曲线，求其上某点 (x_0, y_0) 的切线（法线）方程，关键是求斜率 k，分别是 $k = f'(x_0)$，隐函数求导 $k = y'|_{\substack{x=x_0 \\ y=y_0}}$，参数方程求导 $k = \dfrac{y'(t_0)}{x'(t_0)}$ $(x_0 = x(t_0), y_0 = y(t_0))$.

2. 求导数或微分是高等数学中运算的核心，必须理解并熟练．

要求：熟练计算函数的导数或微分（包括隐函数、幂指函数、参数方程的导数或微分及二阶导数，简单函数的 n 阶导数）．

班级＿＿＿＿＿＿

姓名＿＿＿＿＿＿

导数与微分（练习二）

一、选择题

1. 设 $\ln y = xy + \cos x$，则 $\dfrac{\mathrm{d}y}{\mathrm{d}x}\Big|_{x=0} = ($ $)$.

   A. 0   B. e   C. e^2 D. 1

2. 下列各式中，(   ) 是错误的.

   A. $\dfrac{1}{\sqrt{x}}\mathrm{d}x = \mathrm{d}\,(2\sqrt{x})$ B. $\dfrac{1}{x^3}\mathrm{d}x = -2\mathrm{d}\left(\dfrac{1}{x^2}\right)$

   C. $x^2\mathrm{d}x = \dfrac{1}{6}\mathrm{d}\,(2x^3 - 4)$ D. $\dfrac{x\mathrm{d}x}{\sqrt{1-x^2}} = \mathrm{d}\,(1 - \sqrt{1-x^2})$

3. 设函数 $f(x)$ 可导，则当 x 在 $x=2$ 处有微小改变量 Δx 时，函数约改变了(   ).

   A. $f'(2)$ B. $\lim\limits_{x\to 2}f(x)$ C. $f'(2)\,\Delta x$ D. $f(2+\Delta x)$

4. 设 $f(x) = x\mathrm{e}^{\frac{1}{x}}$，则 $f''(1) = ($).

   A. e   B. $-$e   C. 2e   D. $-$2e

二、填空题

1. 设 $y = x^n + \mathrm{e}^{2x}$，则 $y^{(n)} = $ ＿＿＿＿＿＿＿＿＿＿＿＿＿＿.

2. 设 $y = x^x$，则 $y' = $ ＿＿＿＿＿＿＿＿＿＿＿＿＿＿.

3. 设 $\mathrm{e}^y + xy = x + 1$，则 $\dfrac{\mathrm{d}y}{\mathrm{d}x} = $ ＿＿＿＿＿＿＿＿＿＿＿＿＿＿.

4. 设 $f(\sqrt{x}) = \arctan x$，则 $f'(x) = $ ＿＿＿＿＿＿＿＿＿＿＿＿.

5. $y = \dfrac{\sqrt{x+2}\cdot (3-x)^4}{(x+1)^5}$，则 $y' = $ ＿＿＿＿＿＿＿＿＿＿＿＿.

6. 设 $f(x^2) = x^3\,(x>0), f'(4) = $ ＿＿＿＿＿＿＿＿＿＿＿＿.

7. $y = \ln\sin x^2 + \ln a$ 则 $\mathrm{d}y = $ ＿＿＿＿＿＿＿＿＿＿＿＿.

8. 设 $y = \arctan\dfrac{1}{x}$，则 $\mathrm{d}y = $ ＿＿＿＿＿＿＿＿＿＿＿＿.

9. 已知 $y = \mathrm{e}^{f(x)}$，则 $y'' = $ ＿＿＿＿＿＿＿＿＿＿＿＿.

10. $\mathrm{d}\,[\ln(1-x)]^2 = $ ＿＿＿＿＿＿＿＿＿＿＿＿.

11. $\left(\mathrm{e}^{2x} + \dfrac{1}{x^3}\right)\mathrm{d}x = \mathrm{d}\,($ ＿＿＿＿＿＿＿＿＿＿＿＿ $)$

12. 设 $\begin{cases} x = t\cos t \\ y = t\sin t \end{cases}$，则 $y' = $ ＿＿＿＿＿＿＿＿＿＿＿＿.

13. 函数 $f(x)$ 有二阶导数，又 $y = f(x^2)$，求 $y'' = $ ＿＿＿＿＿＿＿＿＿＿＿＿.

14. 曲线 $\begin{cases} x = 2\mathrm{e}^t \\ y = \mathrm{e}^{-t} \end{cases}$ 在 $t=0$ 处的法线方程是 ＿＿＿＿＿＿＿＿＿＿＿＿.

15. 设 $y=\mathrm{e}^x\sin x$，则 $\mathrm{d}y=$ ＿＿＿＿＿＿＿＿＿ $\mathrm{d}\mathrm{e}^x$.

16. 设 $y=y(x)$ 由 $\cos(xy)=x$ 确定，则 $\mathrm{d}y=$ ＿＿＿＿＿＿＿.

17. 求由方程 $xy-\mathrm{e}^x+\mathrm{e}^y=0$ 所确定的隐函数 y 的导数 $\dfrac{\mathrm{d}y}{\mathrm{d}x}\Big|_{x=0}=$ ＿＿＿＿＿.

18. 设 $y=\ln(x+\sqrt{a^2+x^2})$，$a>0$，则 $\mathrm{d}y\,|_{x=0}=$ ＿＿＿＿＿＿.

19. 设函数 $f(u)$ 可导，$y=f(\mathrm{e}^x)\,\mathrm{e}^{f(x)}$，则 $\dfrac{\mathrm{d}y}{\mathrm{d}x}=$ ＿＿＿＿＿.

20. $y=\sqrt[3]{f^2(x)+2f(x)}$，则 $\dfrac{\mathrm{d}y}{\mathrm{d}x}=$ ＿＿＿＿＿.

三、计算下列各题

1. 设 $y=\arcsin\dfrac{x}{2}$，求 $y''|_{x=1}$.

2. 设 $y=x\sqrt{a^2-x^2}+a^2\arcsin\dfrac{x}{a}$，$a>0$，求 y''.

3. $y=\ln(x+\sqrt{1+x^2})-x\sqrt{1+x^2}$，求 y''.

4. 知 $y^{(n-2)}=(1+x^2)\arctan x$，求 $y^{(n)}$.

5. 由方程 $e^y + xy = e$ 所确定的曲线 $y = y(x)$ 在 $x = 0$ 处的切线方程.

6. 设 $y = \sqrt{x \sin x \sqrt{1 - e^x}}$，求 y'.

7. $y = \left(\dfrac{x}{1+x}\right)^x$，求 y'.

8. $\begin{cases} x = f'(t) \\ y = t f'(t) - f(t) \end{cases}$，且 $f(t)$ 二阶可导，$f''(t) \neq 0$，求 $\dfrac{\mathrm{d}y}{\mathrm{d}x}$.

班级_____

姓名_____

导数与微分（复习题）

一、选择题

1. 设函数 $f(x)$ 在 x 处可导，a 为常数，则 $\lim\limits_{\Delta x \to 0} \dfrac{f(x+a\cdot\Delta x)-f(x)}{\Delta x} = $（　　　）．

A. $f'(x)$　　　　　B. $af'(a)$　　　　　C. $af'(x)$　　　　　D. $f'(a)$

2. 设 $f(x)=\begin{cases} \dfrac{|x^2-1|}{x-1}, & x\neq 1 \\ 2, & x=1 \end{cases}$，则在点 $x=1$ 处，函数 $f(x)$（　　　）．

A. 不连续　　　　　　　　　　B. 连续但不可导

C. 可导但导数不连续　　　　　D. 导数连续

3. 下列命题正确的是（　　　）．

A. $f(x)$ 在点 x_0 连续的充分必要条件是 $f(x)$ 在点 x_0 处可导

B. 若 $f'(x)=x^2$ 是偶函数，则 $f(x)$ 必为奇函数

C. 若 $\lim\limits_{x\to 0}\dfrac{f(x)}{x}=a$，则 $f'(0)=a$

D. 若 $f(x)=\begin{cases} \dfrac{x+\ln(1-x^2)}{x}, & x\neq 0 \\ 1, & x=0 \end{cases}$，则 $f'(0)=-1$

4. 设 $f'(x)=f(1-x)$，则（　　　）成立．

A. $f''(x)+f'(x)=0$　　　　　　B. $f''(x)-f'(x)=0$

C. $f''(x)-f(x)=0$　　　　　　D. $f''(x)+f(x)=0$

5. 已知函数 $y=f(x)$ 在 x 处的改变量 $\Delta y=\dfrac{\Delta x}{1+x^2}+o(\Delta x)$，又 $f(0)=0$，则 $f(1)=$（　　　）．

A. 0　　　　　　B. $\dfrac{\pi}{4}$　　　　　　C. $\dfrac{\pi}{2}$　　　　　　D. π

6. 设函数 $y=f(t)$，$t=\varphi(x)$ 都可微，则 $\mathrm{d}y=$（　　　）．

A. $f'(t)\mathrm{d}t$　　　B. $\varphi'(x)\mathrm{d}x$　　　C. $f'(t)\varphi'(t)\mathrm{d}t$　　　D. $f'(t)\mathrm{d}x$

二、填空题

1. 已知 $f'(2)=2$，则 $\lim\limits_{\Delta x\to 0}\dfrac{f(2-\Delta x)-f(2)}{2\Delta x}=$ _____．

2. 设函数 $f(x)$ 可微，且 $f(x)=\mathrm{e}^{-2x}+\ln 2+3\lim\limits_{x\to 0}f(x)$，则 $f'(x)=$ _____

_____．

3. 设 $y(x)=(x+1)(2x+1)(3x+1)^3(4x+1)$，则 $y'\left(-\dfrac{1}{2}\right)=$ _____

_____．

4. 知 $y(x)=f(2x)$，且 $f'(x)=\dfrac{1}{1+\mathrm{e}^x}$，则 $\left.\dfrac{\mathrm{d}y}{\mathrm{d}x}\right|_{x=1}=$ _____．

5^{*}. 设周期为 4 的函数 $f(x)$ 在 $(-\infty, +\infty)$ 内可导，又 $\lim\limits_{x\to 0}\dfrac{f(1)-f(1-x)}{2x}=-1$，则曲线 $y=f(x)$ 在点 $(5,f(5))$ 处的切线斜率是 _____.

6. 已知函数 $y=\ln\sqrt{\dfrac{1-x}{1+x}}$，则 $y''|_{x=0}=$ _____.

7. 若 $y=x\ln x$，则 $y^{(10)}=$ _____.

8. 设 $y=f(\ln x)e^{f(x)}$，其中 f 可微，则 $dy=$ _____.

9. 设可导函数 $f(x)$ 满足 $f'(1)=1$，又 $y=f(\ln x)$，则 $dy|_{x=e}=$ ( ).

10. 设函数 $f(x)=\lim\limits_{t\to\infty}x(\dfrac{t+x}{t-x})^{t}$，$f'(x)=$ _____.

11. 设 $f(x)=(x+1)^{10}(2x+3)^{20}(3x+4)^{30}$，则 $f^{(60)}(x)=$ _____.

三、计算题

1. 设 $f(x)=\begin{cases} x^{2}\sin\dfrac{1}{x}, & x<0 \\ \ln(a+bx), & x\geq 0 \end{cases}$ 在 $x=0$ 处可导，求常数 a，b.

2. 若曲线 $y=x^{2}+ax+b$ 与曲线 $2y=-1+xy^{3}$ 在点 $(1，-1)$ 处相切，求常数 a，b.

3. 设方程 $\ln\sqrt{x^{2}+y^{2}}=\arctan\dfrac{y}{x}$ 确定函数 $y=y(x)$，求 y''.

4. 设 $\tan y=x+y$，求 dy.

第三章　微分中值定理与导数的应用

微分中值定理与导数的应用（内容摘要一）

一、微分中值定理——导数应用的理论基础

1. 罗尔（Rolle）定理：如果函数 $f(x)$ 满足：（1）在 $[a, b]$ 上连续；（2）在 (a, b) 内可导；（3）$f(a) = f(b)$，则存在 $\xi \in (a, b)$，使得 $f'(\xi) = 0$.

几何意义：曲线 $y = f(x)$ 在 (a, b) 内有水平切线.

注意：Rolle 定理可用于解决：

（1）$f'(x)$ 的零点问题.

（2）可导函数含有中值 $\xi \in (a, b)$ 一类等式的证明题.

思路：设辅助函数验证 Rolle 定理的正确，如 $\xi f'(\xi) + f(\xi) = 0$ 可设 $F(x) = x f(x)$.

2. 拉格朗日（Lagrange）中值定理（微分中值定理或有限增量定理）

如果函数 $f(x)$ 满足：①在 $[a, b]$ 上连续；②在 (a, b) 内可导. 则存在 $\xi \in (a, b)$，使得

$$f(b) - f(a) = f'(\xi)(b - a)$$

几何意义：曲线 $y = f(x)$ 在 (a, b) 内有平行于两个端点连线的切线.

特别：（1）当 $f(a) = f(b)$ 时，即罗尔定理.（2）若在区间 I 上恒有 $f'(x) = 0$，则 $f(x) = C$.

注意：Lagrange 中值定理可用于解决：

（1）证明不等式.

思路：从中间表达式选出 $f(x)$ 和一区间，要求 $f(x)$ 在这一区间上的增量正好等于中间表达式；运用 Lagrange 中值定理；对 $f'(\xi)$ 适当放大或缩小，导出要证的不等式.

（2）证明二连续函数相等. $f(x) = g(x)$ 或 $f(x) = C$（常数）.

思路：作 $F(x) = f(x) - g(x) \left[\text{或 } F(x) = \dfrac{f(x)}{g(x)} \right]$，先证 $F'(x) = 0, x \in (a, b)$，

$F(x) = C, x \in [a, b]$，再特别取 $x_0 \in [a, b]$，求出 $F(x) = C = 0$（或 1）.

3. 柯西（Cauchy）中值定理（证明洛必达法则）

二、洛必达法则

1. 基本未定型 $\dfrac{0}{0}$ 和 $\dfrac{\infty}{\infty}$ 的极限

当 $\lim \dfrac{f'(x)}{g'(x)} = A$（存在或 ∞）时，则 $\lim \dfrac{f(x)}{g(x)} = \lim \dfrac{f'(x)}{g'(x)} = A$（或 ∞）.

注意：（1）这里的极限对 $x \to x_0$ 或 $x \to \infty$ 都正确.

（2）法则可以反复使用，但必须是 $\dfrac{0}{0}$ 和 $\dfrac{\infty}{\infty}$ 型，所以每次使用都要判断.

（3）若 $\lim \dfrac{f'(x)}{g'(x)}$ 不存在，就不能用洛必达法则（是充分条件）. 即并非所有

$\dfrac{0}{0}$ 和 $\dfrac{\infty}{\infty}$ 型的极限都能用洛必达法则解决，如 $\lim\limits_{x\to 0}\dfrac{x^2\sin\dfrac{1}{x}}{\sin x}$.

2. 其他未定型的极限（$0\cdot\infty$，$\infty-\infty$，0^0，∞^0，1^∞）

基本思路：通过适当的运算化为 $\dfrac{0}{0}$ 或 $\dfrac{\infty}{\infty}$ 型，再用洛必达法则．

如 $0\cdot\infty$ 型——将使计算简单的因子作为分母；$\infty-\infty$ 型——通分；

0^0，∞^0，1^∞ 型〔一般是求幂指函数 $y=u(x)^{v(x)}$ 的极限 $\lim u(x)^{v(x)}$〕——取对数，先求 $\lim\ln y=\lim v(x)\ln u(x)$，若等于 k，则原极限 $=e^k$.

注意：其中 1^∞ 型也可以利用第二个重要极限，往往有更简单的计算方法：先求 $\lim[u(x)-1]v(x)$，若等于 k，则原极限 $=e^k$.

洛必达法则是计算函数极限的一个重要的方法，要求很好地掌握．

注意：在使用洛必达法则之前，在乘积中，极限非零的因子，先求极限，如：

$$\lim_{x\to 0}\frac{e^{\cos x}(e^x-\cos x)}{x}=e\cdot\lim_{x\to 0}\frac{e^x-\cos x}{x}\quad(\lim_{x\to 0}e^{\cos x}=e\neq 0)$$

极限为零的因子，等价替换，如：

$$\lim_{x\to 0}\frac{x\sin x}{\ln(1+x^2)}=\lim_{x\to 0}\frac{x\cdot x}{x^2}$$

然后再计算．总之要化简求极限的函数，再使用洛必达法则．

要求：（1）求满足 Rolle 中值定理 Lagrange 中值定理的条件的相应 ξ 值．

（2）利用 Rolle 中值定理 Lagrange 中值定理讨论方程的根，函数相等，不等式证明，含有中值 ξ 一类等式的证明等．

（3）利用洛必达法则求未定型的极限．

班级＿＿＿＿＿＿＿＿

姓名＿＿＿＿＿＿＿＿

微分中值定理与导数的应用（练习一）

一、选择题

1. 下列函数在给定区间上，满足罗尔定理条件的是（　　　　）.

A. $y=x\mathrm{e}^{-x},x\in[-1,1]$

B. $y=1-\sqrt[3]{x^2},x\in[-1,1]$

C. $y=\begin{cases}x+1,\ 0\leqslant x<5\\1,\ x=5\end{cases}$

D. $y=\sqrt[3]{8x-x^2},\ x\in[0,8]$

2. 下列函数在给定区间上不满足 Lagrange 中值定理条件的是（　　　　）.

A. $y=\dfrac{2x}{1+x^2},x\in[-1,1]$

B. $y=|x|,x\in[-1,2]$

C. $y=4x^3-5x^2+x-2,x\in[0,1]$

D. $y=\ln(1+x^2),x\in[0,3]$

3. 函数 $y=x\ln x$ 在区间 $[1,\mathrm{e}]$ 上，使 Lagrange 定理成立的 $\xi=$（　　　　）.

A. $\mathrm{e}^{\mathrm{e}-1}$

B. $\dfrac{\mathrm{e}}{2}$

C. $\mathrm{e}^{\frac{1}{\mathrm{e}-1}}$

D. $\dfrac{1+\mathrm{e}}{2}$

4. 设函数 $f(x)=x(x-1)(x-2)(x-3)$，则方程 $f'(x)=0$（　　　　）.

A. 恰有一个实根

B. 恰有两个实根

C. 恰有三个实根

D. 没有实根

5. 设 $f(x)$ 在 $[a,b]$ 上连续，在 (a,b) 内可导 $(0<a<b)$，且 $f(a)=f(b)=0$，要证明 $\exists\xi\in(a,b)$，使 $\xi f'(\xi)-f(\xi)=0$，则构造辅助函数 $F(x)=$（　　　　）.

A. $xf(x)$

B. $\dfrac{f(x)}{x}$

C. $x+f(x)$

D. $\mathrm{e}^x f\ (x)$

二、填空题

1. $\lim\limits_{x\to1}\dfrac{2x^3-3x^2+2x-1}{2x^3-3x+1}=$＿＿＿＿＿＿＿＿＿＿

2. $\lim\limits_{x\to a}\dfrac{\sin x-\sin a}{x-a}=$＿＿＿＿＿＿＿＿＿＿

3. $\lim\limits_{x\to0}\dfrac{\ln(1-3x)}{x}=$＿＿＿＿＿＿＿＿＿＿

4. $\lim\limits_{x\to0}\dfrac{(1+x)^\pi-1}{x}=$＿＿＿＿＿＿＿＿＿＿

5. $\lim\limits_{x\to1}\left(\dfrac{3}{x^3-1}-\dfrac{1}{x-1}\right)=$＿＿＿＿＿＿＿＿＿＿

6. $\lim\limits_{x\to0}(1-3x)^{\frac{1}{x}}=$＿＿＿＿＿＿＿＿＿＿

7. $\lim\limits_{x\to a}\dfrac{x^m-a^m}{x^n-a^n}(a\neq0)=$＿＿＿＿＿＿＿＿＿＿

8. $\lim\limits_{x\to0}\dfrac{x-\arctan x}{x^3}=$＿＿＿＿＿＿＿＿＿＿

三、计算题

1. $\lim\limits_{x \to 0} \dfrac{\ln\sin 3x}{\ln\sin x}$

2. $\lim\limits_{x \to 0} \dfrac{e^x - e^{-x} - 2x}{1 - \cos x}$

3. $\lim\limits_{x \to 0} \dfrac{e^{\sin^3 x} - 1}{x(1 - \cos x)}$

4. $\lim\limits_{x \to 0} x^2 e^{\frac{1}{x^2}}$

5. $\lim\limits_{x \to \infty} x^2 \left(\dfrac{\pi}{2} - \arctan 3x^2 \right)$

6. $\lim\limits_{x \to 1} \left(\dfrac{1}{\ln x} - \dfrac{1}{x-1} \right)$

7. $\lim\limits_{x \to \frac{\pi}{2}} \dfrac{\tan x}{\tan 3x}$

8. $\lim\limits_{x \to 0} \left(\dfrac{1}{x^2} - \dfrac{1}{x \sin x} \right)$

9. $\lim\limits_{x \to 0^+} x^{\sin x}$

10. $\lim\limits_{x \to 0} (ax + \mathrm{e}^{bx})^{\frac{1}{x}}$

11. $\lim\limits_{x \to +\infty} \left(\cos \dfrac{\pi}{\sqrt{x}} \right)^x$

12. $\lim\limits_{x \to +\infty} (2^x + 1)^{\frac{1}{x}}$

四、已知 $\lim\limits_{x\to a}\dfrac{x^2+bx+3b}{x-a}=8$，求 a，b.

五、设函数 $f(x)$ 和 $g(x)$ 在 $[a,b]$ 上连续，在 (a,b) 内可导，且 $\dfrac{f(a)}{f(b)}=\dfrac{g(b)}{g(a)}$，证明：至少存在一点 $\xi\in(a,b)$，使 $f'(\xi)g(\xi)+f(\xi)g'(\xi)=0$.

六、设函数 $f(x)$ 在 $[a,b]$ 上连续，在 (a,b) 内可导．证明：在 (a,b) 内至少存在一点 ξ，使

$$\frac{bf(b)-af(a)}{b-a}=f(\xi)+\xi f'(\xi)$$

七、设 $a>b>0$，证明：$\dfrac{a-b}{a}<\ln\dfrac{a}{b}<\dfrac{a-b}{b}$.

微分中值定理与导数的应用（内容摘要二）

一、函数单调性的判定法

设函数 $f(x)$ 在 $[a, b]$ 上连续，在 (a, b) 内可导，若在 (a, b) 内 $f'(x) > 0$［或 $f'(x) < 0$］，则函数 $f(x)$ 在 $[a, b]$ 上单调增加（或单调减少）．

注意：（1）$[a, b]$ 可以换成各种区间 I.

（2）若 $f'(x) \geqslant 0$［或 $f'(x) \leqslant 0$］，而使 $f'(x) = 0$ 的点不构成区间，则结论也成立．

（3）利用函数的单调性可用于解决以下问题：

1）求函数 $f(x)$ 的单调区间．方法：①确定讨论范围，如定义域；②求 $f(x)$ 的驻点（$f'(x) = 0$ 的点）和不可导点；③上述点将定义区间分成几个部分区间，列表讨论这些部分区间上 $f'(x)$ 的符号，从而确定函数 $f(x)$ 的单调性．

2）证明不等式，如证明：当 $x > a$ 时，$f(x) > g(x)$.

一般方法如下：

令 $F(x) = f(x) - g(x)$，证明：①$F(x)$ 在 $[a, +\infty)$ 上连续；②在 $(a, +\infty)$ 上 $F'(x) > 0$，得出 $F(x)$ 在 $[a, +\infty)$ 上单调增加；③$F(a) = 0$；④由单调性导出要证的不等式．

3）讨论方程根的唯一性．方法：①利用零点定理证明根存在；②证明函数在区间上单调．

二、函数的极值——局部性

1. 确定函数 $f(x)$ 的定义域．

2. 求出可能的极值点 x_0（驻点和不可导点）．

3. 讨论 x_0 两侧 $f'(x)$ 的符号是否变化，由第一充分条件确定 x_0 是否极值点，以及极大点或极小点．其中对于驻点 x_0，还可以再求 $f''(x)$，若 $f''(x_0) \neq 0$，由第二充分条件确定 x_0 一定是极值点，且 $f''(x_0) > 0 (< 0)$，分别是极小（大）点．

注意：一般当函数只有驻点时，常利用第二充分条件．

4. 求极值点的函数值，得到函数 $f(x)$ 的全部极值．

三、函数的最大（小）值

1. 求闭区间 $[a, b]$ 上连续函数 $f(x)$ 的最大（小）值．

方法：（1）求出 (a, b) 内函数 $f(x)$ 的可能极值点（即驻点和不可导点）．

（2）求 $f(x)$ 在以上点的函数值及端点 $f(a)$、$f(b)$ 的值．

（3）比较（2）中的这些函数值，最大的即为最大值，最小的即为最小值．

特别：若 $f(x)$ 在 (a, b) 内只有唯一的可能极值点，则当这点判别为极大（小）点时，必是最大（小）值点．

注意：利用函数的最值也可以证明不等式．

2. 求实际问题（应用题）的最大（小）值

方法：（1）建立目标函数，确定讨论范围．

（2）求目标函数的导数等于零的点，往往得到唯一驻点，判别为极大（小）点必是最大（小）值点．

（3）由问题的实际意义给出答案．

四、曲线的凹凸性和拐点

1. 曲线凹凸性的判别定理：设函数 $f(x)$ 在 $[a,b]$ 上连续，在 (a,b) 内二阶可导，若在 (a,b) 内 $f''(x)>0$ ［或 $f''(x)<0$］，则曲线 $y=f(x)$ 在 $[a,b]$ 上是凹的（或凸的）．

2. 拐点的定义：曲线 $y=f(x)$ 上凹弧与凸弧的分界点 ［拐点 $(x_0,f(x_0))$］ 一定是连续的内点．

3. 求曲线 $y=f(x)$ 的凹凸区间及拐点．

方法：（1）确定讨论范围，如定义域．

（2）求 $f''(x)=0$ 的点和 $f''(x)$ 不存在的点．

（3）上述点将定义区间分成几个部分区间，列表讨论这些部分区间上 $f''(x)$ 的符号，从而确定曲线 $y=f(x)$ 的凹凸区间及拐点．

五、利用导数作函数 $y=f(x)$ 的图形

1. 确定 $f(x)$ 的定义域及某些特性（如奇偶性、周期性）．

2. 求 $f'(x)=0$、$f''(x)=0$ 的点和 $f'(x)$、$f''(x)$ 不存在的点．这些关键点分定义区间为几个部分区间．

3. 列表讨论这些部分开区间上 $f'(x)$、$f''(x)$ 的符号，从而确定函数 $f(x)$ 的单调性、凹凸性、极值点及拐点．求出这些点对应的函数值．

4. 确定曲线 $y=f(x)$ 的水平、铅直渐近线：

若 $\lim\limits_{\substack{x\to\infty \\ (x\to+\infty) \\ (x\to-\infty)}} f(x)=A$，则直线 $y=A$ 为曲线 $y=f(x)$ 的水平渐近线．

若 $\lim\limits_{\substack{x\to a \\ (x\to a^+) \\ (x\to a^-)}} f(x)=\infty$，则直线 $x=a$ 为曲线 $y=f(x)$ 的铅直渐近线．

5. 建立坐标系，定出关键点（若需要还可补充一些点，如与坐标轴的交点），作出渐近线，然后结合表格中的结果联结这些点，得到函数的图形．

要求：（1）利用函数的单调性求函数的单调区间；证明不等式；证明方程根的唯一性．

（2）求曲线的凹凸区间及拐点．

（3）求函数的极值和实际问题的最大（小）值．

（4）作函数 $y=f(x)$ 的图形．

班级_____

姓名_____

微分中值定理与导数的应用（练习二）

一、选择题

1. 函数 $f(x)=2x^2-\ln x$ 在区间（　　　　）是单调增加的．

A. $\left(0,\dfrac{1}{2}\right)$

B. $\left(-\dfrac{1}{2},0\right)\cup\left(\dfrac{1}{2},+\infty\right)$

C. $\left(\dfrac{1}{2},+\infty\right)$

D. $\left(-\infty,-\dfrac{1}{2}\right)\cup\left(0,\dfrac{1}{2}\right)$

2. 曲线 $y=x^4-24x^2+6x$ 的凸区间为（　　　　）．

A. $(-2,2)$ 　　　B. $(-\infty,0)$ 　　　C. $(0,+\infty)$ 　　　D. $(-\infty,+\infty)$

3. 设 $f(x)=\sqrt[3]{x}$，下列命题正确的有（　　　　）．

A. $x=0$ 是 $f(x)$ 的驻点

B. $x=0$ 是 $f(x)$ 的极大值点

C. $x=0$ 是 $f(x)$ 的极小值点

D. $(0,0)$ 是曲线 $f(x)=\sqrt[3]{x}$ 的拐点

4. 函数 $y=f(x)$ 在点 $x=x_0$ 处取得极大值，则必有（　　　　）．

A. $f'(x_0)=0$

B. $f''(x_0)<0$

C. $f'(x_0)=0$ 且 $f''(x_0)<0$

D. $f'(x_0)=0$ 或不存在

5. 曲线 $y=\dfrac{1+e^{-x^2}}{1-e^{-x^2}}$（　　　　）．

A. 无渐近线

B. 仅有水平渐近线

C. 仅有铅直渐近线

D. 既有水平又有铅直渐近线

二、填空题

1. 函数 $y=x^n e^{-x}$ （$n>0$，$x\geq0$）的单调增区间是_____，单调减区间是_____．

2. $y=x2^x$ 的极小点 $x=$_____．

3. 曲线 $y=xe^{-x}$ 的凹区间是_____，拐点是_____．

4. 设 $a\neq0$，$f(x)=ax^3+bx^2+cx+d$ 为单调增加函数，则常数 a、b、c、d 应满足的条件是_____．

5. 曲线 $y=\dfrac{2x-1}{(x-1)^2}$ 的水平渐近线是_____，铅直渐近线_____．

6. 设 $f(x)=a\sin x+\dfrac{1}{3}\sin3x$ 在 $x=\dfrac{\pi}{3}$ 处取得极值，则 $a=$_____．极值 $=$_____．

7. 函数 $y=x+2\cos x$ 在区间 $\left[0,\dfrac{\pi}{2}\right]$ 上的最大值为_____，最小值为_____．

8. 已知曲线 $y=ax^3+bx^2+1$ 有拐点 $(1,3)$，则 $a=$_____，

$b=$ _____ .

三、证明：当 $x>0$ 时，$1+x\ln(x+\sqrt{1+x^2})>\sqrt{1+x^2}$.

四、证明：当 $x>0$ 时，有 $\ln(x+1)>\dfrac{\arctan x}{1+x}$.

五、证明：方程 $x-1=\ln(1+x)$ 在区间 $(1,3)$ 内有唯一实根 .

六、求函数 $y=x^2-2\ln x$ 的单调区间和极值 .

七、证明：当 $x\geqslant1$ 时，$2\arctan x+\arcsin\dfrac{2x}{1+x^2}=\pi$.

八、已知制作一个背包的成本为 40 元. 如果每一个背包的售出价为 x 元，售出的背包数由 $n = \dfrac{a}{x-40} + b(80-x)$ 给出，其中 a、b 为正常数. 问什么样的售出价格能带来最大利润？

九、过抛物 $y = x^2$ 上一点 $M_0(x_0, y_0)(0 \leqslant x_0 \leqslant 1)$ 作切线，问 x_0 取何值时，该切线与直线 $x = 1$ 和 x 轴所围成的三角形的面积最大？并求最大值.

十、讨论函数 $y = \dfrac{\ln x}{x}$ 的定义域、单调性、凹凸性、极值与渐近线，并作出函数的图形.

班级＿＿＿＿＿＿

姓名＿＿＿＿＿＿

微分中值定理与导数的应用（复习题）

一、选择题

1. 设在 $[0，1]$ 上 $f''(x)>0$，则 $f'(0)$、$f'(1)$、$f(1)-f(0)$ 或 $f(0)-f(1)$ 的大小顺序为（　　）.

　A. $f'(1)>f'(0)>f(1)-f(0)$　　　B. $f'(1)>f(1)-f(0)>f'(0)$

　C. $f(1)-f(0)>f'(1)>f'(0)$　　　D. $f'(1)>f(0)-f(1)>f'(0)$

2. 设函数 $f(x)$ 在闭区间 $[a，b]$ 上有定义，在开区间 $(a，b)$ 内可导，则（　　）.

　A. 当 $f(a)f(b)<0$ 时，存在 $\xi\in(a,b)$，使得 $f(\xi)=0$

　B. 对任意 $\xi\in(a,b)$，有 $\lim\limits_{x\to\xi}[f(x)-f(\xi)]=0$

　C. 当 $f(a)=f(b)$ 时，存在 $\xi\in(a,b)$，使得 $f'(\xi)=0$

　D. 存在 $\xi\in(a,b)$，使得 $f(b)-f(a)=f'(\xi)(b-a)$

3*. 若 $\lim\limits_{x\to a}\dfrac{f(x)-f(a)}{(x-a)^2}=-1$，则在 $x=a$ 处（　　）.

　A. $f(x)$ 取极大值　　　　　　　B. $f(x)$ 取极小值

　C. $f'(a)$ 不存在　　　　　　　D. $f'(a)$ 存在，但 $f'(a)\neq0$

4*. 设函数 $f(x)=|x(1-x)|$，则（　　）.

　A. $x=0$ 是极值点，且 $(0，0)$ 是拐点

　B. $x=0$ 是极值点，但 $(0，0)$ 不是拐点

　C. $x=0$ 不是极值点，但 $(0，0)$ 是拐点

　D. $x=0$ 不是极值点，且 $(0，0)$ 不是拐点

5. 设 $y=f(x)$ 对一切 x 有：$xf''(x)+3x[f'(x)]^2=1-\mathrm{e}^{-x}$，若 $f'(x_0)=0(x_0\neq0)$，则（　　）.

　A. $f(x_0)$ 为函数 $f(x)$ 的极小值

　B. $f(x_0)$ 为函数 $f(x)$ 的极大值

　C. $(x_0,f(x_0))$ 是曲线 $y=f(x)$ 的拐点

　D. $(x_0,f(x_0))$ 非极值点，非拐点

6. 设函数 $f(x)$、$g(x)$ 都是恒大于零的可导函数，且 $f'(x)g(x)-f(x)g'(x)<0$，则当 $a<x<b$ 时，有（　　）.

　A. $f(x)g(b)>f(b)g(x)$　　　　B. $f(x)g(a)>f(a)g(x)$

　C. $f(x)g(x)>f(b)g(b)$　　　　D. $f(x)g(x)>f(a)g(a)$

二、填空题

1. 设函数 $f(x)=x(x-5)(x^2-4)$，则方程 $f'(x)=0$ 有＿＿＿＿＿＿＿个实根.

2. 若 $f(x)$ 在 $[a，b]$ 上连续，在 $(a，b)$ 内可导，则由 Lagrange 中值定理，至少存在一点 $\xi\in(a，b)$ 使得 $\mathrm{e}^{f(b)}-\mathrm{e}^{f(a)}=$ ＿＿＿＿＿＿＿＿＿.

3. 设曲线 $y=x^3+ax^2+bx+c$ 有拐点 $(1，-1)$，且在 $x=0$ 处有极值，则 $a=$ ＿＿＿

_____，$b=$ _____，$c=$ _____.

4. 设函数 $y=f(x)$ 有连续导数，且 $f(0)=f'(0)=1$，则 $\lim\limits_{x\to 0}\dfrac{f(\sin 2x)-1}{\ln f(x)}=$ _____

_____.

5. 曲线 $y=\dfrac{4x^2+\cos x}{x^2+1}+x\sin\dfrac{1}{x}$ 的渐近线是 _____.

6. 设函数 $f(x)=\begin{cases}\dfrac{g(x)-\cos x}{x}, & x\neq 0 \\ a, & x=0\end{cases}$，其中 $g(0)=1$，$g'(0)=2$. 若 $f(x)$ 在 $x=0$

处连续，则 $a=$ _____.

三、计算下列极限

1. $\lim\limits_{x\to 0}\left(\dfrac{1}{x^2}-\dfrac{1}{x\sin x}\right)^{-\frac{1}{3}}$

2. $\lim\limits_{n\to\infty}n\left(3^{\frac{1}{n}}-1\right)$

3. $\lim\limits_{x\to\left(\frac{\pi}{2}\right)^{-}}(\tan x)^{2x-\pi}$

4. $\lim\limits_{x\to 1}(x-1)\tan\dfrac{\pi x}{2}$

四、已知函数 $f(x)$ 在 $[0，1]$ 上连续，在 $(0，1)$ 内可导，且 $f(1)=0$. 求证：在 $(0，1)$ 内至少存在一点 ξ，使 $f(\xi)+\xi f'(\xi)=0$.

五、若 $f(x)$ 在 $(a，b)$ 内具有二阶导数，且 $f(x_1)=f(x_2)=f(x_3)$，其中 $a<x_1<x_2<x_3<b$，证明：在 $(x_1，x_3)$ 内至少有一点 ξ，使 $f''(\xi)=0$.

六、设 $f(x)$ 在 $[0,a]$ 上有连续的二阶导数，且 $f(0)=0,f''(x)>0$，证明：$g(x)=f(x)/x$ 在 $(0,a)$ 内严格单调递增.

七、证明：对任意实数 $x\neq0$，有 $e^x>1+x$.（至少用两种方法证明）

八、讨论函数 $f(x)=\ln x-\dfrac{x}{e}+k$ 在 $(0,+\infty)$ 内零点的个数.（提示：利用函数的单调性与最值）

第四章 不 定 积 分

不定积分（内容摘要一）

一、不定积分的概念和性质

1. 原函数的定义：若 $\forall x \in I$，均有 $F'(x) = f(x)$ 或 $\mathrm{d}F(x) = f(x)\mathrm{d}x$，则称 $F(x)$ 是 $f(x)$ 在区间 I 上的一个原函数.

2. 不定积分的定义：$\displaystyle\int f(x)\mathrm{d}x = F(x) + C$ ［其中 $F'(x) = f(x)$］

注意：（1）函数 $f(x)$ 的不定积分就是 $f(x)$ 的全体原函数.

（2）连续函数一定存在原函数.

3. 不定积分的性质：

（1）线性性质：$\displaystyle\int [af(x) + bg(x)]\mathrm{d}x = a\int f(x)\mathrm{d}x + b\int g(x)\mathrm{d}x$

（2）与微分（导数）是互逆的运算：

$$\frac{\mathrm{d}}{\mathrm{d}x}\int f(x)\mathrm{d}x = f(x) \quad 或 \quad \mathrm{d}\int f(x)\mathrm{d}x = f(x)\mathrm{d}x$$

$$\int F'(x)\mathrm{d}x = F(x) + C \quad 或 \quad \int \mathrm{d}F(x) = F(x) + C$$

4. 熟记基本积分公式（教材 P_{154}）.

二、不定积分的第一类换元法（凑微分法）

$$\int g(x)\mathrm{d}x \xrightarrow{\text{凑 } g(x) = f(\varphi(x))\varphi'(x)} \int f(\varphi(x))\varphi'(x)\mathrm{d}x = \int f[\varphi(x)]\mathrm{d}\varphi(x)$$

$$\xrightarrow{\text{令 } u = \varphi(x)} \int f(u)\mathrm{d}u \text{（一般是基本积分）} = F(u) + C \xrightarrow{\text{代回 } x} F[\varphi(x)] + C$$

凑微分法是求不定积分最基本的方法，必须熟记基本积分公式，还必须熟记下列常用的凑微分：

$$\mathrm{d}x = \frac{1}{a}\mathrm{d}(ax+b) \qquad x\mathrm{d}x = \frac{1}{2}\mathrm{d}x^2 \qquad x^2\mathrm{d}x = \frac{1}{3}\mathrm{d}x^3$$

$$\frac{1}{\sqrt{x}}\mathrm{d}x = 2\mathrm{d}\sqrt{x} \qquad \frac{1}{x^2}\mathrm{d}x = \mathrm{d}\left(-\frac{1}{x}\right) \qquad \mathrm{e}^x\mathrm{d}x = \mathrm{d}\mathrm{e}^x$$

$$\sin x\mathrm{d}x = -\mathrm{d}\cos x \qquad \cos x\mathrm{d}x = \mathrm{d}\sin x \qquad \sec^2 x\mathrm{d}x = \mathrm{d}\tan x$$

$$\frac{1}{x}\mathrm{d}x = \mathrm{d}\ln|x| \qquad \frac{1}{1+x^2}\mathrm{d}x = \mathrm{d}\arctan x \qquad \frac{1}{\sqrt{1-x^2}}\mathrm{d}x = \mathrm{d}\arcsin x$$

$$\frac{x}{\sqrt{1+x^2}}\mathrm{d}x = \mathrm{d}\sqrt{1+x^2} \qquad \frac{x}{\sqrt{1-x^2}}\mathrm{d}x = -\mathrm{d}\sqrt{1-x^2}$$

注意：使用凑微分法的时候，注意验证符号和系数，使等式两边恒等.

要求：（1）明确两个基本概念：原函数和不定积分.

（2）记住基本积分公式，熟练掌握凑微分法.

班级＿＿＿＿＿＿＿＿＿

姓名＿＿＿＿＿＿＿＿＿

不定积分（练习一）

一、选择题

1. 若 $F(x)$ 是 $f(x)$ 的一个原函数，C 是一个常数，则（　　　）也是 $f(x)$ 的一个原函数.

A. $F(Cx)$　　　　　B. $F\left(\dfrac{x}{C}\right)$　　　　　C. $C \cdot F(x)$　　　　　D. $F(x)+C$

2. 下列等式中不正确的是（　　　）.

A. $\dfrac{\mathrm{d}}{\mathrm{d}x}\left[\int f(x)\mathrm{d}x\right]=f(x)$　　　　　B. $\mathrm{d}\left[\int f(x)\mathrm{d}x\right]=f(x)\mathrm{d}x$

C. $\int \mathrm{d}F(x)=F(x)$　　　　　D. $\int f'(x)\mathrm{d}x=f(x)+C$

3. 下列各式中，不等于 $\int \sin 2x\,\mathrm{d}x$ 的是（　　　）.

A. $-\cos^2 x+C$　　　B. $-\sin^2 x+C$　　　C. $\sin^2 x+C$　　　D. $-\dfrac{1}{2}\cos 2x+C$

4. 当 $f(x)=$（　　　）时，$\int f(x)\mathrm{e}^{\frac{1}{x}}\mathrm{d}x=-\mathrm{e}^{\frac{1}{x}}+C$.

A. $\dfrac{1}{x^2}$　　　　　B. $\dfrac{1}{x}$　　　　　C. $-\dfrac{1}{x^2}$　　　　　D. $-\dfrac{1}{x}$

5. 若 $\int f(x)\mathrm{d}x=x^2+C$，则 $\int xf(1-x^2)\mathrm{d}x=$（　　　）.

A. $2(1-x^2)^2+C$　　　　　B. $-2(1-x^2)^2+C$

C. $\dfrac{1}{2}(1-x^2)^2+C$　　　　　D. $-\dfrac{1}{2}(1-x^2)^2+C$

6. 在函数 $f(x)$ 的积分曲线族中，任一条曲线在横坐标相同的点处的切线（　　　）.

A. 平行于 x 轴　　　B. 平行于 y 轴　　　C. 相互平行　　　D. 相互垂直

二、填空题

1. 一曲线过点 $(0，1)$，且其上任一点 x 处的切线斜率为 $3-2x$，则该曲线方程为＿＿＿＿＿＿＿＿＿＿＿＿＿＿.

2. 设 $F(x)$ 是函数 e^{-x^2} 的一个原函数，则 $\mathrm{d}F(\sqrt{x})=$＿＿＿＿＿＿＿＿＿＿＿.

3. $\int f(x)\mathrm{d}x=\arcsin 2x+c$，则 $f(x)=$＿＿＿＿＿＿＿＿＿＿.

4. $\left[\int f(\mathrm{e}^{-x})\mathrm{d}x\right]'=$＿＿＿＿＿＿＿＿＿　　　$\int \dfrac{\mathrm{d}f(\mathrm{e}^{-x})}{\mathrm{d}x}\mathrm{d}x=$＿＿＿＿＿＿＿＿＿

$\mathrm{d}\int f(\ln x)\mathrm{d}x=$＿＿＿＿＿＿＿＿＿　　　$\int \mathrm{d}f(\ln x)=$＿＿＿＿＿＿＿＿＿

5. $x\mathrm{d}x=$＿＿＿＿＿＿＿＿＿$\mathrm{d}(1-x^2)$　　　$\mathrm{e}^{-3x}\mathrm{d}x=$＿＿＿＿＿＿＿＿＿$\mathrm{d}(\mathrm{e}^{-3x}+1)$

$\dfrac{\mathrm{d}x}{\sqrt{1-3x^2}}=$ _____ $\mathrm{darcsin}\sqrt{3}x$ $\dfrac{3\mathrm{d}x}{9+x^2}=$ _____ $\mathrm{darctan}\dfrac{x}{3}$

$x^2\mathrm{e}^{x^3}\mathrm{d}x=$ _____ $\mathrm{d}\mathrm{e}^{x^3}$ $\dfrac{1}{x}\mathrm{d}x=$ _____ $\mathrm{d}(2-3\ln|x|)$

$x^2\mathrm{d}x=$ _____ $\mathrm{d}(2-3x^3)$ d _____ $=\mathrm{e}^{-2x}\mathrm{d}x$

d _____ $=\dfrac{2}{\sqrt{x}}\mathrm{d}x$ d _____ $=\sec^2 3x\mathrm{d}x$

d _____ $=-\tan x\sec x\mathrm{d}x$ $\sin\dfrac{3x}{2}\mathrm{d}x=$ _____ $\mathrm{d}\left(\cos\dfrac{3x}{2}\right)$

$\dfrac{1}{1+9x^2}\mathrm{d}x=$ _____ $\mathrm{d}(\arctan 3x)$ $\dfrac{1}{\sqrt{1-x^2}}\mathrm{d}x=$ _____ $\mathrm{d}(1-\arcsin x)$

6. $\displaystyle\int\left(\dfrac{1}{\sin^2 x}+1\right)\mathrm{d}\sin x=$ _____

7. $\displaystyle\int 5^{-x}\mathrm{e}^x\mathrm{d}x=$ _____

三、计算题

1. $\displaystyle\int \mathrm{e}^x(3-\mathrm{e}^{-x}\sin x)\mathrm{d}x$

2. $\displaystyle\int\left(\dfrac{1}{\sin^2\theta}-\dfrac{2}{\sqrt{1-\theta^2}}+\dfrac{3}{1+\theta^2}\right)\mathrm{d}\theta$

3. $\displaystyle\int\sin^2\dfrac{x}{2}\mathrm{d}x$

4. $\displaystyle\int \left(\frac{1-x}{x}\right)^2 \mathrm{d}x$

5. $\displaystyle\int \cot^2 x\ \mathrm{d}x$

6. $\displaystyle\int \frac{2^{1+x}-5^{x-1}}{10^x} \mathrm{d}x$

7. $\displaystyle\int 3^{2x} \mathrm{e}^x\ \mathrm{d}x$

8. $\displaystyle\int \frac{1}{\sin^2 x \cos^2 x} \mathrm{d}x$

9. $\displaystyle\int \frac{x^2}{1+x^2}\ \mathrm{d}x$

10. $\int \dfrac{1}{x^2(1+x^2)} \, dx$

11. $\int \cos \dfrac{2x}{3} \, dx$

12. $\int (5-2x)^{100} \, dx$

13. $\int \dfrac{1}{(1+2x)^2} \, dx$

14. $\int \cos^2 x \, dx$

15. $\int \dfrac{1}{4+x^2} \, dx$

16. $\int \dfrac{x}{1+x^2}\,\mathrm{d}x$

17. $\int \cos^3 x\,\mathrm{d}x$

18. $\int \dfrac{\sqrt{x}+\ln x}{x}\,\mathrm{d}x$

19. $\int \dfrac{1}{x\sqrt{1-\ln x}}\mathrm{d}x$

20. $\int \dfrac{\mathrm{d}x}{(1+x^2)\arctan x}$

21. $\int x^2 \sin(2x^3-1)\,\mathrm{d}x$

22. $\int \dfrac{\arccos x}{\sqrt{1-x^2}}\mathrm{d}x$

23. $\int \sec x \tan^3 x\mathrm{d}x$

24. $\int \sec^4 x\mathrm{d}x$

25. $\int \dfrac{1}{\mathrm{e}^x+\mathrm{e}^{-x}}\mathrm{d}x$

26. $\int x\sqrt{3-x^2}\,\mathrm{d}x$

27. $\int \dfrac{1}{x\ln x}\,\mathrm{d}x$

28. $\int \dfrac{\cos x}{\sqrt{1+\sin x}}\,\mathrm{d}x$

不定积分（内容摘要二）

一、不定积分的第二类换元法（变量代换法）

$$\int f(x)\mathrm{d}x \xrightarrow{\text{令}\,x=\varphi(t)} \int f[\varphi(t)]\varphi'(t)\mathrm{d}t \xrightarrow{\text{记}} \int g(t)\mathrm{d}t \quad (\text{易积分})$$

$$= G(t)+C \xrightarrow{\text{代回}\,x} G[\varphi^{-1}(x)]+C, \text{其中}\,G'(t)=g(t)$$

注意：一般当被积函数 $f(x)$ 中含有无理式时用代换法，常用的变量代换见教材 P_{168}.

二、不定积分的分部积分法

$$\int (\text{被积函数})\mathrm{d}x \xrightarrow{\text{换为}} \int u\mathrm{d}v = uv - \int v\mathrm{d}u = \cdots \quad (\text{关键是选好}\,u,v)$$

情形 1：被积函数为单独一个函数，如对数函数、反三角函数，就选这独个函数为 u，而 v 为积分变量 x.

情形 2：被积函数为两个函数的乘积时，一般凑微分之后取定 u、v，有三种类型：

(1) $\int$（多项式）·（指数函数，正（余）弦函数）$\mathrm{d}x$，取 u 为多项式，而将指数函数，正（余）弦函数凑微分.

(2) $\int$（多项式或幂函数）·（对数函数，反三角函数）$\mathrm{d}x$，取 u 为对数函数、反三角函数，而将多项式（或幂函数）凑微分.

(3) $\int$（指数函数）·（正（余）弦函数）$\mathrm{d}x$. 用复原法，即通过二次分部积分，还原原积分，解出. 注意：若取 u 为指数函数，第二次分部积分也取 u 为指数函数.

注意：分部积分凑微分时，尽量不用幂函数凑微分.

三、几种特殊类型函数的积分

1. $\int$（有理函数）$\mathrm{d}x$. 方法：用拼凑或待定系数法化为若干个部分分式之和的积分.

2. $\int$（三角有理函数）$\mathrm{d}x$. 方法：用万能变换 $u=\tan\dfrac{x}{2}$，化成有理函数再积分. 但常常是利用三角函数的恒等变换、凑微分法和分部积分法.

注意熟练运用三角恒等式：

$$\cos^2 x = \frac{1+\cos 2x}{2} \qquad \sin^2 x = \frac{1-\cos 2x}{2}$$

$$\sin 2x = 2\sin x\cos x \qquad \tan^2 x + 1 = \sec^2 x$$

3. $\int$（简单无理函数）$\mathrm{d}x$. 方法：作合适的变量代换去根式.

求函数的不定积分即求原函数是高等数学积分学的基础，一定要多练习、多总结.

要求：熟练地掌握二类换元法和分部积分法.

班级_____
姓名_____

不定积分（练习二）

一、选择题

1. 已知 $e^{\sqrt{x}}$ 是 $f(x)$ 的一个原函数，则 $f(4)=($ 　　$)$.

A. e^2 　　　　　　 B. $2e^2$ 　　　　　　 C. $\dfrac{e^2}{4}$ 　　　　　　 D. $\dfrac{e^2}{2}$

2. 若 $f'(x^2)=\dfrac{1}{x}$，$(x>0)$，则 $f(x)=($ 　　$)$.

A. $2x+C$ 　　　　 B. $\ln|x|+C$ 　　　　 C. $2\sqrt{x}+C$ 　　　　 D. $\dfrac{1}{\sqrt{x}}+C$

3. 已知不定积分 $\displaystyle\int\sqrt{x^2-2}\,dx$，为了将被积函数中的根号去掉，可作变换（　　）.

A. $x=\sqrt{2}\sin t$ 　　 B. $x=\sqrt{2}\sec t$ 　　 C. $x=2\tan t$ 　　 D. $\sqrt{x^2-2}=t$

4. 设 $f(x)$ 满足 $\displaystyle\int xf(x)\,dx=x^2 e^x+C$，则 $\displaystyle\int f(x)\,dx=($ 　　$)$.

A. $(2+x)\,e^x+C$ 　　　　　　　　 B. xe^x+C

C. $(1+x)\,e^x+C$ 　　　　　　　　 D. $(x^2+2x)\,e^x+C$

5. 设函数 $f(x)$ 的一个原函数为 $\cos 2x$，则 $\displaystyle\int f'(x)\,dx=($ 　　$)$.

A. $\cos 2x$ 　　　　　　　　　　　 B. $\cos 2x+C$

C. $-2\sin 2x+C$ 　　　　　　　　 D. $-2\sin 2x$

6. 已知 $\displaystyle\int f(x)\,dx=(x-1)e^x+C$，则 $\displaystyle\int f'(x)\,dx=($ 　　$)$.

A. $(x-1)\,e^x+C$ 　　　　　　　　 B. xe^x+C

C. $(x+1)\,e^x+C$ 　　　　　　　　 D. $(x-2)\,e^x+C$

7. 设 $f'(\cos^2 x)=\sin^2 x$，且 $f(0)=0$，则 $f(x)=($ 　　$)$.

A. $\cos x+\dfrac{1}{2}\cos^2 x$ 　　　　　　 B. $\cos^2 x-\dfrac{1}{2}\cos^4 x$

C. $x+\dfrac{1}{2}x^2$ 　　　　　　　　　　 D. $x-\dfrac{1}{2}x^2$

二、填空题

1. 若 $f'(x)=f(x)$，且 $f(0)=1$，则 $f(x)=$ _____.

2. 已知 $\arctan\sqrt{x}$ 是 $f(x)$ 的一个原函数，则 $\displaystyle\int xf'(x)\,dx=$ _____.

3. $\dfrac{dx}{\sqrt{x}\,(1+x)}=d($ 　　　　$)$ 　　　 $\dfrac{x}{\sqrt{1-x^2}}dx=d($ 　　　　$)$

三、计算下列各题

1. 利用凑微分法求下列不定积分.

(1) $\displaystyle\int \frac{x}{\sqrt{1-2x^2}}\mathrm{d}x$

(2) $\displaystyle\int \frac{x\mathrm{d}x}{5x^2+1}$

(3) $\displaystyle\int x^{-\frac{1}{2}}\cos\sqrt{x}\,\mathrm{d}x$

(4) $\displaystyle\int \frac{\mathrm{e}^x}{\sqrt{1-\mathrm{e}^{2x}}}\mathrm{d}x$

(5) $\displaystyle\int \frac{1}{x^2}\mathrm{e}^{1-\frac{1}{x}}\mathrm{d}x$

(6) $\displaystyle\int \frac{\mathrm{d}x}{x(1+\ln^2 x)}$

2. 利用第二类换元法求下列不定积分.

(1) $\displaystyle\int \frac{x}{\sqrt{3-x}}\,\mathrm{d}x$

(2) $\displaystyle\int \frac{\sqrt{x}}{1+x}\,\mathrm{d}x$

(3) $\displaystyle\int \frac{1}{1+\sqrt[3]{x+2}}\,\mathrm{d}x$

(4) $\displaystyle\int \frac{x^2}{\sqrt{a^2-x^2}}\mathrm{d}x$

(5) $\displaystyle\int \frac{\mathrm{d}x}{(x^2+a^2)^{\frac{3}{2}}}$

(6) $\displaystyle\int \frac{x^2}{(1+x^2)^2}\mathrm{d}x$

3. 利用分部积分法求下列不定积分.

(1) $\displaystyle\int x\mathrm{e}^{2x}\,\mathrm{d}x$

(2) $\displaystyle\int x\cos\frac{x}{2}\mathrm{d}x$

(3) $\int x\cos^2 x \, \mathrm{d}x$ (4) $\int x\ln(1-x)\mathrm{d}x$

(5) $\int x\arctan x \, \mathrm{d}x$ (6) $\int \mathrm{e}^x \sin \dfrac{x}{2} \, \mathrm{d}x$

4. 求有理函数的积分.

(1) $\int \dfrac{1}{x^2-x-2}\mathrm{d}x$ (2) $\int \dfrac{\mathrm{d}x}{x^2-2x+5}$

(3) $\int \dfrac{\mathrm{d}x}{x(x^6+1)}$ (4) $\int \dfrac{x^3}{2-x^8}\mathrm{d}x$

四、设 $\int xf(x)\mathrm{d}x = \mathrm{e}^{-x} + C$，求 $\int \dfrac{1}{f(x)}\mathrm{d}x$.

五、已知 $\dfrac{\sin x}{x}$ 是 $f(x)$ 的一个原函数，求 $\int x^3 f'(x)\,\mathrm{d}x$.

班级＿＿＿＿＿＿

姓名＿＿＿＿＿＿

不定积分（复习题）

一、选择题

1. 若 $\int \mathrm{d}f(x) = \int \mathrm{d}g(x)$，则下列各式不一定成立的（　　　）．

A. $f(x) = g(x)$ 　　　　　　　B. $f'(x) = g'(x)$

C. $\mathrm{d}f(x) = \mathrm{d}g(x)$ 　　　　　　D. $\mathrm{d}\int f'(x)\,\mathrm{d}x = \mathrm{d}\int g'(x)\mathrm{d}x$

2. 设 $f(x) = \mathrm{e}^{-x}$，则 $\int \dfrac{f'(\ln x)}{x}\mathrm{d}x = ($　　　　　$)$．

A. $\dfrac{-1}{x} + C$ 　　　B. $-\ln x + C$ 　　　C. $\dfrac{1}{x} + C$ 　　　　D. $\ln x + C$

3. 设 e^{-x} 是 $f(x)$ 的一个原函数，则 $\int x f(x)\mathrm{d}x = ($　　　　　$)$．

A. $\mathrm{e}^{-x}(1-x) + C$ 　　　　　B. $\mathrm{e}^{-x}(1+x) + C$

C. $\mathrm{e}^{-x}(x-1) + C$ 　　　　　D. $-\mathrm{e}^{-x}(1+x) + C$

4. 若 $f(x)$ 的导数为 $\sin x$，则 $f(x)$ 有一个原函数（　　　）．

A. $x + \sin x$ 　　　B. $x - \sin x$ 　　　C. $x + \cos x$ 　　　D. $x - \cos x$

5. 设 $x > 1$，则 $\int \dfrac{\mathrm{d}x}{x\sqrt{x^2-1}} = ($　　　　　$)$．

A. $\arcsin \dfrac{1}{x}$ 　　　　　　　B. $\arccos \dfrac{1}{x}$

C. $-\arcsin \dfrac{1}{x} + C$ 　　　　　D. $\arctan x + C$

6. 设 $F'(x) = f(x)$，即 $F(x)$ 是 $f(x)$ 的原函数，则 $\int \dfrac{f(-\sqrt{x})}{\sqrt{x}}\mathrm{d}x = ($　　　　　$)$．

A. $-F(\sqrt{x}) + C$ 　　　　　　　B. $-2F(-\sqrt{x}) + C$

C. $\dfrac{1}{2}F(-\sqrt{x}) + C$ 　　　　　D. $-\dfrac{1}{2}F(-\sqrt{x}) + C$

7. 设 $f(x) = \ln x$，则 $\int \mathrm{e}^{2x} f'(\mathrm{e}^x)\mathrm{d}x = ($　　　　　$)$．

A. $\mathrm{e}^x + C$ 　　　B. $\dfrac{1}{2}\mathrm{e}^{2x} + C$ 　　　C. $\dfrac{1}{3}\mathrm{e}^{3x} + C$ 　　　D. $x + C$

8. $\int (f(x) + xf'(x))\mathrm{d}x = ($　　　　　$)$．

A. $\int xf(x)\mathrm{d}x$ 　　B. $xf(x) + C$ 　　C. $f(x) + \int f(x)\mathrm{d}x$ 　　D. $f(x) + C$

二、填空题

1. 若 $\int \dfrac{2^x}{\sqrt{1-\varphi(x)}}\mathrm{d}x = \dfrac{1}{\ln 2}\arcsin 2^x + C$，则 $\varphi(x) = $＿＿＿＿＿＿＿＿＿＿＿．

2. 设 $\int f(x)\,\mathrm{d}x = \sin x^2 + C$，则 $\int \dfrac{xf(\sqrt{2x^2-1})}{\sqrt{2x^2-1}}\,\mathrm{d}x = $ _____ .

3. $\int \dfrac{1}{x\sqrt{1-\ln^2 x}}\,\mathrm{d}x = $ _____

4. $\int \dfrac{1-\sin x}{x+\cos x}\,\mathrm{d}x = $ _____

5. $\int \dfrac{1}{x^2}\sin\dfrac{1}{x}\,\mathrm{d}x = $ _____

6. $\int \dfrac{2x-1}{\sqrt{x^2-x+3}}\,\mathrm{d}x = $ _____

7. $\int \cos x\,\mathrm{e}^{\sin x}\,\mathrm{d}x = $ _____

8. $\int \dfrac{\mathrm{e}^{-x}}{\sqrt{1+\mathrm{e}^{-x}}}\,\mathrm{d}x = $ _____

9. $\int \dfrac{\tan x}{\sqrt{\cos x}}\,\mathrm{d}x = $ _____

10. $\int xf(x^2)f'(x^2)\,\mathrm{d}x = $ _____

11. 设 $f(x)=2^x+x^2$，则 $\int f(2x)\,\mathrm{d}x = $ _____ ,
$\int f'(2x)\,\mathrm{d}x = $ _____ .

12. 设 $f'(\ln x)=1+x$，则 $f(x)= $ _____ .

三、计算下列各题

1. $\int \dfrac{1}{1+\mathrm{e}^x}\,\mathrm{d}x$

2. $\int x\mathrm{e}^{3-2x^2}\,\mathrm{d}x$

3. $\int \dfrac{\mathrm{d}x}{\mathrm{e}^x(1+\mathrm{e}^{2x})}$

4. $\displaystyle\int \frac{\sqrt{2+\ln x}}{x}\mathrm{d}x$

5. $\displaystyle\int \frac{x+1}{x^2+2x+2}\mathrm{d}x$

6. $\displaystyle\int \frac{x+x^3}{\sqrt{1-x^4}}\,\mathrm{d}x$

7. $\displaystyle\int \cos^2 x\sin^3 x\mathrm{d}x$

8. $\displaystyle\int \frac{\mathrm{e}^{2x}}{1+\mathrm{e}^x}\,\mathrm{d}x$

9. $\displaystyle\int \frac{\arctan\sqrt{x}}{\sqrt{x}\,(1+x)}\,\mathrm{d}x$

10. $\displaystyle\int \frac{1}{1+\cos x}\,\mathrm{d}x$

11. $\displaystyle\int \frac{\mathrm{d}x}{x^2\ \sqrt{4-x^2}}$

12. $\displaystyle\int \frac{x^2}{(1+x^2)^2}\mathrm{d}x$

13. $\displaystyle\int \frac{\ln(\ln x)}{x}\mathrm{d}x$

14. $\displaystyle\int \frac{x^2}{1+x^2}\arctan x\,\mathrm{d}x$

15. $\displaystyle\int \ln(1+x^2)\,\mathrm{d}x$

16. $\int x\tan^2 x\mathrm{d}x$

17. $\int \cos(\ln x)\mathrm{d}x$

18. $\int \dfrac{\arcsin\sqrt{x}}{\sqrt{x}}\mathrm{d}x$

四、已知非负函数 $F(x)$ 是 $f(x)$ 的一个原函数，且 $F(0)=1$，$f(x)F(x)=\mathrm{e}^{-2x}$，求 $f(x)$.

第五章 定积分及其应用

定积分及其应用（内容摘要一）

一、定积分概念和性质

1. 定义：$\int_a^b f(x)\mathrm{d}x = \lim\limits_{\lambda \to 0} \sum\limits_{i=1}^n f(\xi_i)\Delta x_i$ （存在时）

注意：(1) $\int_a^b f(x)\mathrm{d}x$ 是极限值，还是数值，仅取决于积分区间 $[a, b]$ 和被积函数 $f(x)$．与积分区间 $[a, b]$ 的分法和点 ξ_i 的取法无关，与积分变量也无关，即

$$\int_a^b f(x)\mathrm{d}x = \int_a^b f(t)\mathrm{d}t = \int_a^b f(u)\mathrm{d}u$$

(2) $\int_a^b f(x)\mathrm{d}x$ 存在（可积）的条件：

必要条件：$f(x)$ 在 $[a, b]$ 有界．

充分条件：$f(x)$ 在 $[a, b]$ 连续或只有有限个第一类间断点．

(3) 几何意义：当 $f(x) \geqslant 0$ 时，$\int_a^b f(x)\mathrm{d}x$ 等于曲边梯形的面积．

特别当 $f(x) = 1$ 时，$\int_a^b 1\mathrm{d}x = \int_a^b \mathrm{d}x = b - a$.

2. 性质 $\left[规定：\int_a^a f(x)\mathrm{d}x = 0, \int_a^b f(x)\mathrm{d}x = -\int_b^a f(x)\mathrm{d}x \right]$

(1) 线性性质：$\int_a^b [af(x) + bg(x)]\mathrm{d}x = a\int_a^b f(x)\mathrm{d}x + b\int_a^b g(x)\mathrm{d}x$

(2) 对积分区间的可加性：$\int_a^b f(x)\mathrm{d}x = \int_a^c f(x)\mathrm{d}x + \int_c^b f(x)\mathrm{d}x$（$\forall$ 实数 a、b、c）

(3) 不等式（比较）关系：若在 $[a, b]$ 上，$f(x) \geqslant 0$，则 $\int_a^b f(x)\mathrm{d}x \geqslant 0$ $[$等号$\Leftrightarrow$ $f(x) \equiv 0]$．

推论：a. 若在 $[a, b]$ 上，有 $f(x) \leqslant g(x)$，则 $\int_a^b f(x)\mathrm{d}x \leqslant \int_a^b g(x)\mathrm{d}x$.

b. $\left| \int_a^b f(x)\mathrm{d}x \right| \leqslant \int_a^b |f(x)|\mathrm{d}x$ （$a < b$）

c. 若在 $[a, b]$ 上，$m \leqslant f(x) \leqslant M$，则 $m(b-a) \leqslant \int_a^b f(x)\mathrm{d}x \leqslant M(b-a)$（估值定理）．

(4) 定积分中值定理：若 $f(x)$ 在 $[a, b]$ 上连续，则 $\int_a^b f(x)\mathrm{d}x = f(\xi)(b-a), a \leqslant \xi \leqslant b$.

二、积分上限函数及其导数

1. 设 $f(x)$ 在 $[a, b]$ 上连续，则 $\forall x \in [a, b]$，称 $\Phi(x) = \int_a^x f(t)\mathrm{d}t$ 为积分上限函数

（非初等函数）.

2. $\Phi(x) = \int_a^x f(t)\mathrm{d}t$ 在 $[a, b]$ 上可导，且 $\Phi'(x) = \left[\int_a^x f(t)\mathrm{d}t\right]' = f(x)$，说明 $\Phi(x) = \int_a^x f(t)\mathrm{d}t$ 是 $f(x)$ 在 $[a, b]$ 上的一个原函数. 一般地 $\left[\int_a^{\varphi(x)} f(t)\mathrm{d}t\right]' = f[\varphi(s)]\varphi'(x).$

注意：积分上限函数求导很重要，微分学中许多如求导数、极限、极值等问题中若出现积分上限函数，就要熟练地求积分上限函数的导数，然后用相应的方法解决.

三、牛顿-莱布尼茨（Newton - Leibniz）公式（微积分基本公式）

设 $f(x)$ 在 $[a, b]$ 上连续，$F(x)$ 是 $f(x)$ 在 $[a, b]$ 上的一个原函数，则 $\int_a^b f(x)\mathrm{d}x = F(x)\big|_a^b = F(b) - F(a).$

注意：（1）公式成立要求 $f(x)$ 是闭区间 $[a, b]$ 上的连续函数.

（2）公式揭示求连续函数的定积分，归结为了求原函数. 所以计算定积分的基本思路与计算不定积分相同，增加的是求得原函数后还需计算数值.

要求：（1）运用定积分性质估计定积分的值及比较定积分的大小.

（2）利用积分上限函数的导数解决微分学中求极限、极值等问题.

班级＿＿＿＿＿＿＿＿

姓名＿＿＿＿＿＿＿＿

定积分及其应用（练习一）

一、选择题

1. 设 $I_1 = \int_1^2 \ln x \, dx$，$I_2 = \int_1^2 (\ln x)^2 \, dx$，则下列结论成立的是（　　　）.

A. $I_1 \leqslant I_2$ B. $I_1 \geqslant I_2$

C. $I_1 > I_2$ D. $I_1 < I_2$

2. 设 $I = \int_0^1 e^{x^2} \, dx$，则积分 I 的值的范围是（　　　）.

A. $-1 \leqslant I \leqslant 0$ B. $0 \leqslant I \leqslant 1$

C. $1 \leqslant I \leqslant 2$ D. $1 \leqslant I \leqslant e$

3. 设 $f(x)$ 在 $[a, b]$ 上连续，则 $\dfrac{d}{dx}(\int_a^b f(x) \, dx) = ($　　　$)$.

A. $f(x)$ B. $f(x) \, dx$

C. $f(x) + C$ D. 0

4. 设 $f(x) = \int_x^{x^2} \dfrac{1}{1+u^2} \, du$，则 $f'(x) = ($　　　$)$.

A. $\dfrac{1}{1+x^4} - \dfrac{1}{x^2}$ B. 0 C. $\dfrac{2x}{1+x^4}$ D. $\dfrac{2x}{1+x^4} - \dfrac{1}{1+x^2}$

5. 在区间 $[-1, 1]$ 上，下列函数可用 Newton - Leibniz 公式计算其定积分的是（　　　）.

A. $\dfrac{1}{x}$ B. $\dfrac{1}{\sqrt{x}}$ C. $\dfrac{x}{\sqrt{1-x^2}}$ D. $\dfrac{x}{\sqrt{1+x^2}}$

6. 若 $\int_0^a \dfrac{\cos 2x}{\sin x + \cos x} \, dx = -1$，则 $a = ($　　　$)$.

A. $-\dfrac{\pi}{4}$ B. $\dfrac{\pi}{4}$ C. $-\dfrac{\pi}{2}$ D. $\dfrac{\pi}{2}$

二、填空题

1. 设函数 $f(x)$ 在 $[0, 1]$ 上连续，则 $\int_0^1 f(x) \, dx - \int_0^1 f(t) \, dt = $ ＿＿＿＿＿＿＿＿＿＿＿＿＿＿＿＿.

2. $\Phi(x) = \int_0^{x^2} \sin t^2 \, dt$，则 $\dfrac{d[\Phi(x)]}{dx} = $ ＿＿＿＿＿＿＿＿＿＿＿＿.

3. $F(x) = \int_x^0 t e^{-t} \, dt$，则 $F'(x) = $ ＿＿＿＿＿＿＿＿＿＿＿＿.

4. 设 $\int_0^{x^3 - 1} f(x) \, dx = x$，则 $f(7) = $ ＿＿＿＿＿＿＿＿＿＿＿＿＿.

5. $\int_0^{\frac{3\pi}{2}} |\sin x| \, dx = $ ＿＿＿＿＿＿＿＿＿＿＿＿.

三、计算下列各题

1. $\lim\limits_{x \to 0} \dfrac{\displaystyle\int_0^x \cos t^2 \, dt}{\ln(1+x)}$

2. $\lim\limits_{x \to 0} \dfrac{\displaystyle\int_0^{x^2} \sqrt{1+t^2} \, dt}{\sin 3x^2}$

3. 求导数 $\dfrac{d}{dx} \displaystyle\int_{\cos x}^{\sin x} \sqrt{1+t^2} \, dt$.

4. $\displaystyle\int_0^1 (3x^2 - x + 1) \, dx$

5. $\displaystyle\int_4^9 \sqrt{x}(1 + \sqrt{x}) \, dx$

6. $\displaystyle\int_{1}^{\sqrt{3}} \frac{1}{1+x^2}\mathrm{d}x$

7. $\displaystyle\int_{-\frac{1}{2}}^{\frac{\sqrt{2}}{2}} \frac{1}{\sqrt{1-x^2}}\mathrm{d}x$

8. $\displaystyle\int_{0}^{\frac{\pi}{3}} \tan^2 x\mathrm{d}x$

9. 求积分 $\displaystyle\int_{1}^{3} \mid x^2 - 4 \mid \mathrm{d}x.$

10. $\displaystyle\int_{0}^{\pi} \sqrt{1+\cos 2x}\mathrm{d}x$

11. 求曲线 $y = \displaystyle\int_{0}^{x}(t-1)(t-2)\mathrm{d}t$ 在 $x = 0$ 处的切线方程.

12. 设函数 $f(x) = \begin{cases} 1+\sin x, 0 \leqslant x \leqslant \pi \\ 0, x > \pi \end{cases}$，求 $\displaystyle\int_{0}^{2\pi} f(x)\mathrm{d}x.$

四、设 $f(x)$ 在 $[0, 1]$ 上连续且 $f(x) < 1$. 证明 $2x - \int_0^x f(t)\mathrm{d}t = 1$ 在 $(0, 1)$ 内有且仅有一个实根.

五、设 $f(x)$ 在 $[a, b]$ 上连续，在 (a, b) 内可导，且 $f'(x) \leqslant 0, F(x) = \dfrac{1}{x-a}\int_a^x f(t)\mathrm{d}t$. 证明：在 (a, b) 内有 $F'(x) \leqslant 0$.

定积分及其应用（内容摘要二）

一、定积分的换元法

$$\int_a^b f(x)\mathrm{d}x \xrightarrow{x=\varphi(t)} \int_\alpha^\beta f\left[\varphi(t)\right]\varphi'(t)\mathrm{d}t \xrightarrow{\text{记}} \int_\alpha^\beta g(t)\mathrm{d}t = G(t)\big|_\alpha^\beta = G(\beta) - G(\alpha)$$

$$\text{其中 } G'(t) = g(t), \varphi(\alpha) = a, \varphi(\beta) = b$$

注意：（1）换元必换限．换限的依据是变换式 $x = \varphi(t)$，下限对应下限，上限对应上限．

（2）直接计算新变量在新的积分限下的值，就是要求的定积分，不必再代回 x．

（3）变换式 $x = \varphi(t)$ 在 $[\alpha, \beta]$ 上为单调函数．

（4）若是凑微分法同样成立，$\int_a^b f\left[\varphi(x)\right]\varphi'(x)\mathrm{d}x = \int_a^b f\left[\varphi(x)\right]\mathrm{d}\varphi(x) = F\left[\varphi(x)\right]\big|_a^b$．

若令 $u = \varphi(x)$，则 $\int_a^b f\left[\varphi(x)\right]\varphi'(x)\mathrm{d}x = F(u)\big|_\alpha^\beta$，其中 $\varphi(a) = \alpha, \varphi(b) = \beta$．

二、定积分的分部积分法

$$\int_a^b f(x)\mathrm{d}x \xrightarrow{\text{化为}} \int_a^b u(x)\mathrm{d}v(x) = u(x)v(x)\big|_a^b - \int_a^b v(x)\mathrm{d}u(x) = \cdots$$

注意：（1）u，v 的选取同不定积分．

（2）$uv\big|_a^b = u(b)v(b) - u(a)v(a)$ 及时求值，出现一次计算一次．

注意：定积分使用换元法和分部积分法的积分类型同不定积分．

三、几个常用结论

1. $\displaystyle\int_{-a}^a f(x)\mathrm{d}x = \begin{cases} 0, f(x) \text{ 为奇函数} \\ 2\displaystyle\int_0^a f(x)\mathrm{d}x, f(x) \text{ 为偶函数} \end{cases}$

因此计算关于原点对称区间上的定积分时，先考虑被积函数 $f(x)$ 有没有奇偶性，以便简化定积分的计算．

2. $\displaystyle\int_0^{\frac{\pi}{2}} \sin^n x\,\mathrm{d}x = \int_0^{\frac{\pi}{2}} \cos^n x\,\mathrm{d}x = \begin{cases} \dfrac{n-1}{n} \times \dfrac{n-3}{n-2} \cdots \dfrac{3}{4} \times \dfrac{1}{2} \times \dfrac{\pi}{2}, n \text{ 为偶数} \\ \dfrac{n-1}{n} \times \dfrac{n-3}{n-2} \cdots \dfrac{4}{5} \times \dfrac{2}{3} \times 1, n \text{ 为奇数} \end{cases}$

3. $\displaystyle\int_0^a \sqrt{a^2 - x^2}\,\mathrm{d}x = \dfrac{\pi}{4}a^2$ （几何意义）

注意：以上等式可用定积分的换元法证明．一般证明定积分等式时，所作的变换要考虑两方面：积分限和被积函数在等式两边的变化情形．还常常要利用定积分的值与积分变量无关这一性质，如 $\displaystyle\int_x^1 \frac{1}{1+x^2}\mathrm{d}x = \int_x^1 \frac{1}{1+t^2}\mathrm{d}t$．

四、反常积分（广义积分）

1. 无穷限的反常积分

（1）定义：设 $f(x)$ 在 $[a, \infty)$ 上连续，$\displaystyle\int_a^{+\infty} f(x)\mathrm{d}x$ 收敛的 $\Leftrightarrow \displaystyle\lim_{t \to +\infty} \int_a^t f(x)\mathrm{d}x$ 存在．

（2）计算（同定积分）：$\int_a^{+\infty} f(x)\mathrm{d}x = F(x)\,|_a^{+\infty} = F(+\infty) - F(a)$（其中 $F'(x) = f(x)$）.

注意：无穷限的反常积分收敛或发散，决定于 $F(+\infty) = \lim\limits_{x \to +\infty} F(x)$ 极限是否存在.

类似有 $\int_{-\infty}^b f(x)\mathrm{d}x, \int_{-\infty}^{+\infty} f(x)\mathrm{d}x.$

$\int_{-\infty}^{+\infty} f(x)\mathrm{d}x$ 收敛 $\Leftrightarrow \int_{-\infty}^c f(x)\mathrm{d}x$ 和 $\int_c^{+\infty} f(x)\mathrm{d}x$ 都收敛

2. 无界函数的反常积分（瑕积分）

（1）定义：设 $f(x)$ 在 $(a, b]$ 上连续，在 a 的右邻域内无界（下限 a 称为瑕点），则

$$\int_a^b f(x)\mathrm{d}x \text{ 收敛} \Leftrightarrow \lim\limits_{t \to a^+}\int_t^b f(x)\mathrm{d}x \text{ 存在}$$

（2）计算（同定积分）：$\int_a^b f(x)\mathrm{d}x \xrightarrow{a \text{ 是瑕点}} F(x)\,|_{a^+}^b = F(b) - F(a^+)$，其中 $F'(x) = f(x)$.

注意：瑕积分收敛或发散，决定于 $F(a^+) = \lim\limits_{x \to a^+} F(x)$ 极限是否存在.

类似有 $\int_a^b f(x)\mathrm{d}x$（上限 b 为瑕点），$\int_a^b f(x)\mathrm{d}x$ $(c \in (a,b)$ 为瑕点$)$.

$\int_a^b f(x)\mathrm{d}x$ $(c \in (a,b)$ 为瑕点$)$ 收敛 $\Leftrightarrow \int_a^c f(x)\mathrm{d}x$ 和 $\int_c^b f(x)\mathrm{d}x$ 都收敛

注意：反常积分的计算思路类似定积分，但若瑕点 $c \in (a,b)$，先使用定义

$$\int_a^b f(x)\mathrm{d}x = \int_a^c f(x)\mathrm{d}x + \int_c^b f(x)\mathrm{d}x$$

要求：（1）熟练计算定积分（Newton - Leibniz 公式，换元法，分部积分法）.

（2）利用定积分的换元法证明一些定积分的等式.

（3）判断简单的反常积分的敛散性.

班级_____
姓名_____

定积分及其应用（练习二）

一、选择题

1. 定积分 $\int_0^{19} \dfrac{1}{\sqrt[3]{x+8}}\mathrm{d}x$ 作适当变换后应等于（　　　　）.

A. $\int_0^3 3x\mathrm{d}x$ 　　　B. $\int_2^3 3x\mathrm{d}x$ 　　　C. $\int_{-2}^3 3x\mathrm{d}x$ 　　　D. $\int_2^{-3} 3x\mathrm{d}x$

2. 已知 $F'(x)=f(x)$，则 $\int_a^x f(t+a)\mathrm{d}t=$（　　　　）.

A. $F(x)-F(a)$ 　B. $F(t)-F(a)$ 　C. $F(x+a)-F(2a)$ 　D. $F(t+a)-F(a)$

3. 积分 $\int_0^{\frac{\pi}{2}} \cos^5 x\mathrm{d}x=$（　　　　）.

A. $\dfrac{1}{3}$ 　　　　B. $\dfrac{8}{15}$ 　　　　C. $\dfrac{1}{4}$ 　　　　D. $\dfrac{4\pi}{15}$

4. 当 $f(x)=$（　　　　）时，$\int_{-a}^a f(x)\mathrm{d}x=0$.

A. $x^2 \mathrm{e}^{x^3}$ 　　　B. $\mathrm{e}^{\sin x}$ 　　　C. $\mathrm{e}^x-\mathrm{e}^{-x}$ 　　　D. $x^2\sin\left(\dfrac{\pi}{2}-x\right)$

5. 下列反常积分发散的是（　　　　）.

A. $\int_1^{+\infty} \dfrac{1}{x^p}\mathrm{d}x(p>1)$ 　　　　　　B. $\int_2^{+\infty} \dfrac{1}{x\ln^2 x}\mathrm{d}x$

C. $\int_0^1 \dfrac{\mathrm{d}x}{x(x+1)}$ 　　　　　　D. $\int_1^{\mathrm{e}} \dfrac{\mathrm{d}x}{x\sqrt{1-(\ln x)^2}}$

6. 设常数 $a>0$，则 $\int_a^{2a} f(2a-x)\mathrm{d}x=$（　　　　）.

A. $\int_0^a f(x)\mathrm{d}x$ 　　B. $-\int_0^a f(x)\mathrm{d}x$ 　　C. $\int_0^a f(x)\mathrm{d}x$ 　　D. $-2\int_0^a f(x)\mathrm{d}x$

7. 已知 $\dfrac{\mathrm{e}^x}{x}$ 是函数 $f(x)$ 的一个原函数，则 $\int_0^1 x^2 f(x)\mathrm{d}x=$（　　　　）.

A. e 　　　　B. $\mathrm{e}-2$ 　　　　C. $2-\mathrm{e}$ 　　　　D. $2+\mathrm{e}$

二、填空题

1. $\int_0^{\frac{\pi}{3}} \sin^3 x\mathrm{d}x=$ _____

2. $\int_2^0 \dfrac{\mathrm{d}x}{x^2+2x+2}=$ _____

3. $\int_1^{\mathrm{e}} \dfrac{x^2+\ln x}{x}\mathrm{d}x=$ _____

4. $\int_0^{\pi} x\cos x^2\mathrm{d}x=$ _____

5. $\int_{-1}^1 \dfrac{x\ln(1+x^2)+1}{1+x^2}\mathrm{d}x=$ _____

6. $\int_1^{e^3} \dfrac{1}{x\sqrt{1+\ln x}}dx = $ _____

7. $\int_0^{\pi}(1-\sin^3\theta)d\theta = $ _____

8. $\int_0^1 \dfrac{\sqrt{\arctan x}}{1+x^2}dx = $ _____

三、计算下列各题

1. $\int_1^{+\infty} \dfrac{\ln x}{x^2}dx$

2. $\int_2^{+\infty} \dfrac{dx}{(x+7)(\sqrt{x-2})}$

3. $\int_0^1 \dfrac{dx}{1+e^x}$

4. $\int_0^4 \dfrac{dx}{1+\sqrt{x}}$

5. $\int_{\frac{1}{\sqrt{2}}}^1 \dfrac{\sqrt{1-x^2}}{x^2}dx$

6. $\displaystyle\int_1^{\sqrt{3}} \frac{\mathrm{d}x}{x^2\sqrt{1+x^2}}$

7. $\displaystyle\int_0^{\ln 2} \mathrm{e}^x(1+\mathrm{e}^x)^2\,\mathrm{d}x$

8. $\displaystyle\int_1^2 \frac{\ln x}{(3-x)^2}\mathrm{d}x$

9. $\displaystyle\int_0^1 x\sqrt{1-x}\,\mathrm{d}x$

10. $\displaystyle\int_{-\sqrt{2}}^{\sqrt{2}} (x-x^2)\sqrt{2-x^2}\,\mathrm{d}x$

11. $\displaystyle\int_0^{\pi} x\sin nx\,\mathrm{d}x$

12. $\int_0^4 e^{\sqrt{x}} dx$

13. $\int_0^1 x \arcsin x dx$

14. $\int_{-1}^1 (x + \sqrt{1-x^2})^2 dx$

15. 设 $f(x)$ 有一个原函数 $\dfrac{\sin x}{x}$，求 $\int_{\frac{\pi}{2}}^{\pi} x f'(x) dx$.

16. $\int_{-2}^3 e^{-|x|} dx$

17. 设 $f(x) = \begin{cases} e^x, & x \geqslant 0 \\ 1 + x^2, & x < 0 \end{cases}$，求 $\int_{\frac{1}{2}}^2 f(1-x) dx$.

四、证明下列积分等式

1. $\displaystyle\int_a^b f(x)\,\mathrm{d}x = \int_a^b f(a+b-x)\,\mathrm{d}x$

2. $\displaystyle\int_0^{\frac{\pi}{2}} \frac{\sin x}{\sin x + \cos x}\,\mathrm{d}x = \int_0^{\frac{\pi}{2}} \frac{\cos x}{\sin x + \cos x}\,\mathrm{d}x$

3. $\displaystyle\int_x^1 \frac{1}{1+x^2}\,\mathrm{d}x = \int_1^{\frac{1}{x}} \frac{1}{1+x^2}\,\mathrm{d}x$

班级＿＿＿＿＿＿＿

姓名＿＿＿＿＿＿＿

定积分及其应用（复习题）

一、选择题

1. 设 $\int_0^x f(t)\,dt = \dfrac{1}{2}f(x) - \dfrac{1}{2}$ ，且 $f(0)=1$ ，则 $f(x)=$（　　　）.

　　A. $e^{\frac{x}{2}}$ 　　　　　　B. $\dfrac{e^x}{2}$ 　　　　　　C. e^{2x} 　　　　　　D. $\dfrac{e^{2x}}{2}$

2. 设 $\alpha(x) = \int_0^{5x} \dfrac{\sin t}{t}\,dt,\beta(x) = \int_0^{\sin x}(1+t)^{\frac{1}{t}}\,dt$ ，则当 $x \to 0$ 时，$\alpha(x)$ 是 $\beta(x)$ 的（　　　）.

　　A. 高阶无穷小　　　　　　　　　B. 低阶无穷小

　　C. 同阶但不等价无穷小　　　　　D. 等价无穷小

3. $\left(\int_a^x xf(t)\,dt\right)' =$（　　　）.

　　A. $xf(x)$ 　　　　　　　　　　　　B. $xf(x-a)$

　　C. $af(t)$ 　　　　　　　　　　　　D. $\int_a^x f(t)\,dt + xf(x)$

4. 设 $N = \int_{-a}^a x^2\sin^3 x\,dx, P = \int_{-a}^a (x^3 e^{x^2} - 1)\,dx, Q = \int_{-a}^a \cos^2 x^3\,dx\ (a>0)$ ，则（　　　）成立.

　　A. $N \leqslant P \leqslant Q$ 　　　B. $N \leqslant Q \leqslant P$ 　　　C. $Q \leqslant P \leqslant N$ 　　　D. $P \leqslant N \leqslant Q$

5. 设函数 $f(x)$ 在 $[a,b]$ 上连续，则 $\int_a^b f(x)\,dx$ （　　　）.

　　A. $\dfrac{1}{k}\int_a^b f\left(\dfrac{x}{k}\right)dx$ 　　　　　　　　B. $\dfrac{1}{k}\int_{ak}^{bk} f\left(\dfrac{x}{k}\right)dx$

　　C. $k\int_{ak}^{bk} f\left(\dfrac{x}{k}\right)dx$ 　　　　　　　　D. $k\int_{\frac{a}{k}}^{\frac{b}{k}} f\left(\dfrac{x}{k}\right)dx$

6. 设函数 $y=f(x),x\in[-3,6]$ 的图形如图所示，在 $[-3,3]$ 上 $f(x)$ 是偶函数，且 $\int_{-3}^6 f(x)\,dx = 8, \int_3^6 f(x)\,dx = -4$ ，则 $\int_0^6 f(x)\,dx =$（　　　）.

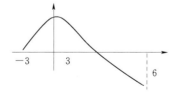

　　A. 4 　　　　　　B. 3 　　　　　　C. 2 　　　　　　D. 1

7. 当 $x \to 0$ 时，$x - \sin x$ 为 $\int_0^{\frac{x^3}{6}} \dfrac{\ln(1+t)}{t}\,dt$ 的（　　　）.

　　A. 等价无穷小　　　　　　　　　　B. 同阶无穷小，但非等价

C. 高阶无穷小   D. 低阶无穷小

二、填空题

1. 设 $\int_1^{x+1} f(x)\mathrm{d}x = x\mathrm{e}^{x+1}$，则 $f(x) = $ _____，$f'(x) = $ _____ .

2. 若 $\int_0^x f(t)\mathrm{d}t = \dfrac{1}{2}x^4$，则 $\int_0^4 \dfrac{1}{\sqrt{x}}f(\sqrt{x})\mathrm{d}x = $ _____ .

3. 设 $\begin{cases} x = \int_0^t \sin u^2\,\mathrm{d}u \\ y = \cos t^2 \end{cases}$，则 $\dfrac{\mathrm{d}y}{\mathrm{d}x} = $ _____ .

4. 设 y 是由方程 $\int_0^y \mathrm{e}^{t^2}\mathrm{d}t = \int_0^{x^2} \cos t\,\mathrm{d}t$ 确定的 x 的隐函数，则 $\dfrac{\mathrm{d}y}{\mathrm{d}x} = $ _____ .

5. 设函数 $f(x) = \dfrac{\sin x}{1+x^2} + \sqrt{1-x^2}$，则 $\int_{-1}^1 f(x)\mathrm{d}x = $ _____ .

6. 若 $f(x+T) = f(x)$，有 $\int_a^{a+T} f(x)\mathrm{d}x = \int_0^T f(x)\mathrm{d}x$，则 $\int_{-2\pi}^{6\pi}(1-\sin x)\mathrm{d}x = $ _____ .

三、计算下列各题

1. $\lim\limits_{x\to+\infty} \dfrac{\int_0^x (\arctan t)^2\,\mathrm{d}t}{\sqrt{1+x^2}}$

2. $\lim\limits_{x\to 0^+} \dfrac{\int_0^{x^2} t^{\frac{3}{2}}\,\mathrm{d}t}{\int_0^x t(t-\sin t)\,\mathrm{d}t}$

3. $\int_0^{\frac{\pi}{2}} \sin^3 x \sqrt{\cos x}\,\mathrm{d}x$

4. $\displaystyle\int_0^{\ln 2} \sqrt{e^x - 1}\,\mathrm{d}x$

5. $\displaystyle\int_1^4 \frac{\ln x}{\sqrt{x}}\,\mathrm{d}x$

6. $\displaystyle\int_{-\frac{\pi}{2}}^{\frac{\pi}{2}} \sqrt{\cos x - \cos^3 x}\,\mathrm{d}x$

7. $\displaystyle\int_{-\frac{\pi}{2}}^{\frac{\pi}{2}} (x^3 + \sin^2 x)\cos^2 x\,\mathrm{d}x$

8. $\displaystyle\int_0^{\frac{\pi}{2}} \sqrt{1 - \sin 2x}\,\mathrm{d}x$

9. $\displaystyle\int_1^{+\infty} \frac{\mathrm{d}x}{x + x^2}$

10. $\displaystyle\int_0^{+\infty} \dfrac{\mathrm{d}x}{\sqrt{x}\,(1+x)}$

四、设 $f(x)$ 在 $[0,1]$ 上连续，$f(1)=a\,(a\neq 0)$，$f'(1)=3a$，$\displaystyle\int_0^1 f(x)\mathrm{d}x=0.$ 求 $\displaystyle\int_0^1 x^2 f''(x)\mathrm{d}x.$

五、设 $f(x)$ 是连续函数，且 $f(x)=x+2\displaystyle\int_0^1 f(t)\mathrm{d}t$，求 $f(x)$.

六、设 $f(x)=\begin{cases} 0, & x\leqslant -1 \\[2mm] \dfrac{1}{1+x^2}, & -1<x<1 \\[2mm] 1, & x\geqslant 1 \end{cases}$，求函数 $\varPhi(x)=\displaystyle\int_{-2}^x f(t)\mathrm{d}t$ 在 $(-\infty,+\infty)$ 内的表达式.

第六章 二元函数微分学

二元函数微分学（内容摘要一）

本章内容的学习方法：类比一元函数微分学，它们有好多相似之处，搞清异同．

一、熟识常见的二次曲面：如柱面 $x^2+y^2=a^2$，$y=2px^2$，球面 $x^2+y^2+z^2=R^2$，圆锥面 $z=\sqrt{x^2+y^2}$，旋转抛物面 $z=x^2+y^2$ 等，为重积分的学习作准备．

二、二元函数 $z=f(x,y)$ 的定义域 D，一般为平面上的区域．

三、二元函数 $z=f(x,y)$ 的极限和连续．类比一元，注意 $(x,y) \rightarrow (x_0,y_0)$ 表示动点 (x,y) 沿任意路径趋于定点 (x_0,y_0)．

四、偏导数

设函数 $z=f(x,y)$ 在 $P(x_0,y_0)$ 的某邻域内有定义，则

1. 定义：$z=f(x,y)$ 在点 $P(x_0,y_0)$ 处对 x 的偏导数

$$f_x(x_0,y_0)=\frac{\partial z}{\partial x}\bigg|_{(x_0,y_0)}=\lim_{\Delta x \to 0}\frac{f(x_0+\Delta x,y_0)-f(x_0,y_0)}{\Delta x} \quad （存在时）$$

类似有 $\dfrac{\partial z}{\partial y}\bigg|_{(x_0,y_0)}=f_y(x_0,y_0)$ 的定义．

注意：（1）偏导数 $\dfrac{\partial z}{\partial x}$、$\dfrac{\partial z}{\partial y}$ 是一个整体记号，不能看作商．

（2）讨论二元分段函数在分段点的偏导数是否存在需用定义．

2. 计算 $z=f(x,y)$ 的偏导数及高阶偏导数——同一元函数求导．

记住：对 x 求偏导数视 y 为常数；对 y 求偏导数视 x 为常数．

$z=f(x,y)$ 的二阶偏导数有四个：$\dfrac{\partial^2 z}{\partial x^2}=f_{xx}(x,y)$，$\dfrac{\partial^2 z}{\partial x \partial y}=f_{xy}(x,y)$，$\dfrac{\partial^2 z}{\partial y^2}$、$\dfrac{\partial^2 z}{\partial y \partial x}$ 类似．

注意：求函数在特殊点的偏导数，有时不必把偏导函数都写出来．

班级＿＿＿＿＿＿

姓名＿＿＿＿＿＿

二元函数微分学（练习一）

一、单项选择题

1. 方程 $z=2-(x^2+y^2)$ 表示的二次曲面是（　　　　）．

A. 球面　　　　　　B. 柱面　　　　　　C. 旋转抛物面　　　　D. 圆锥面

2. 函数 $z=\dfrac{\arccos(x^2+y^2)}{\ln(4-x^2-y^2)}$ 的定义域是（　　　　）．

A. $\{(x,y)\mid x^2+y^2<4\}$ 　　　　　　B. $\{(x,y)\mid x^2+y^2\leqslant4\}$

C. $\{(x,y)\mid x^2+y^2\leqslant1\}$ 　　　　　　D. $\{(x,y)\mid x^2+y^2<1\}$

3. 设 $f\left(x+y,\dfrac{y}{x}\right)=x^2-y^2$，则 $f(x,y)=$（　　　　）．

A. $(x+y)^2-\left(\dfrac{y}{x}\right)^2$ 　　　　　　B. $x^2\dfrac{1-y}{1+y}$

C. $x\dfrac{1-y}{1+y}$ 　　　　　　D. x^2-y^2

4. $\lim\limits_{\substack{x\to0\\y\to0}}\dfrac{2xy}{\sqrt{xy+1}-1}=$（　　　　）

A. 2　　　　　　B. 4　　　　　　C. 不存在　　　　　　D. ∞

5. 设 $z=\left(\dfrac{1}{3}\right)^{-\frac{y}{x}}$，则 $\dfrac{\partial z}{\partial x}=$（　　　　）

A. $\left(\dfrac{1}{3}\right)^{-\frac{y}{x}}\dfrac{y}{x^2}$ 　　　　　　B. $\left(\dfrac{1}{3}\right)^{-\frac{y}{x}}\left(-\dfrac{y}{x^2}\right)\ln3$

C. $\left(\dfrac{1}{3}\right)^{-\frac{y}{x}}(\ln3)\dfrac{y}{x^2}$ 　　　　　　D. $-\dfrac{y}{x}\left(\dfrac{1}{3}\right)^{-\frac{y}{x}-1}$

6. 设 $f(x,y)=\begin{cases}\dfrac{2x^2+y^2}{x+y}, & x^2+y^2\neq0\\ 0, & x^2+y^2=0\end{cases}$ 则 $f'_y(0,0)=$（　　　　）

A. 不存在　　　　　　B. 0　　　　　　C. 1　　　　　　D. 2

二、填空题

1. 平面 $2x-2y+z=2$ 与 x 轴的交点是＿＿＿＿＿＿＿＿＿＿．

2. $\lim\limits_{\substack{x\to0\\y\to2}}\dfrac{e^{xy}-1}{x}=$ ＿＿＿＿＿＿＿＿＿＿

3. $f(x,y)=\dfrac{\sqrt{4x-y^2}}{\ln(1-x^2-y^2)}$ 的定义域 $D=$ ＿＿＿＿＿＿＿＿＿＿，且 $\lim\limits_{(x,y)\to\left(\frac{1}{2},0\right)}f(x,y)=$

＿＿＿＿＿＿＿＿＿＿．

4. 若 $z=f(x,y)=\dfrac{y}{x^3}+(y-2)\arctan\dfrac{xy}{x^2+2y^2}$，则 $\dfrac{\partial z}{\partial x}\Big|_{(1,2)}=$ ＿＿＿＿＿＿＿＿＿＿．

5. $z=e^{-x}\sin(ax+by)$，则 $\dfrac{\partial z}{\partial x}=$ ＿＿＿＿＿＿＿＿＿＿，$\dfrac{\partial z}{\partial y}=$ ＿＿＿＿＿＿＿＿＿＿．

6. $z = \ln\tan\dfrac{x}{y}$，则 $\dfrac{\partial z}{\partial x} = $ _____ ，$\dfrac{\partial z}{\partial y} = $ _____ .

7. 已知 $z = x\arctan(x+y)$，则 $\dfrac{\partial z}{\partial x} = $ _____ .

8. $u = xy^3 + yz^3 + zx^3$，则 $u_{yz}(1,\ 0,\ -1) = $ _____ .

三、计算下列各题

1. $z = \ln\sqrt{xy} + \sqrt{\ln(xy)}$，求 $\dfrac{\partial z}{\partial x}$，$\dfrac{\partial z}{\partial y}$.

2. $z = \sqrt{y}\cos\dfrac{y}{x}$，求 $\dfrac{\partial z}{\partial x}$，$\dfrac{\partial z}{\partial y}$.

3. $z = \sin(x-y) + \cos^2(xy)$，求 $\dfrac{\partial z}{\partial x}$，$\dfrac{\partial z}{\partial y}$.

4. $z = (1+xy)^y$，求 $\dfrac{\partial z}{\partial x}$，$\dfrac{\partial z}{\partial y}$.

5. $z = x\ln^2 \dfrac{y}{x}$，求 $\dfrac{\partial z}{\partial x}$，$\dfrac{\partial z}{\partial y}$.

6. $z = \arctan \dfrac{x+y}{x-y}$，求 $\dfrac{\partial z}{\partial x}$，$\dfrac{\partial^2 z}{\partial x \partial y}$.

四、设 $r = \sqrt{x^2 + y^2 + z^2}$，证明：$\dfrac{\partial^2 r}{\partial x^2} + \dfrac{\partial^2 r}{\partial y^2} + \dfrac{\partial^2 r}{\partial z^2} = \dfrac{2}{r}$.

五、画出下列曲面所围成的空间图形，及在 xoy 平面上的投影区域.

1. $x + \dfrac{y}{3} + \dfrac{z}{2} = 1$ 与三个坐标面

2. $z=x^2+y^2$, $z=\sqrt{1-x^2-y^2}$

3. $x^2+y^2=2-z$, $z=0$

4. $x^2+y^2=a^2$, $z=\sqrt{x^2+y^2}$, $z=0$

二元函数微分学（内容摘要二）

一、全微分的概念和性质

1. 定义：设 $z=f(x,y)$，若全增量 $\Delta z=f(x+\Delta x,y+\Delta y)-f(x,y)$ 可表示成

$A\Delta x+B\Delta y+o(\rho)$ 　　[其中 A、B 只与 x、y 有关，与 Δx、Δy 无关，$\rho=\sqrt{(\Delta x)^2+(\Delta y)^2}$]

则称 $dz=A\Delta x+B\Delta y$ 为函数 $z=f(x,y)$ 在 (x,y) 的全微分，并称函数在 (x,y) 处可微.

2. 计算 $z=f(x,y)$ 的全微分：$dz=\dfrac{\partial z}{\partial x}dx+\dfrac{\partial z}{\partial y}dy$.

计算 $z=f(x,y)$ 在 (x_0,y_0) 的全微分，即 $df(x_0,y_0)=\dfrac{\partial f}{\partial x}\bigg|_{(x_0,y_0)}dx+\dfrac{\partial f}{\partial y}\bigg|_{(x_0,y_0)}dy$.

3. 全微分形式的不变性：设 $z=f(u,v)$，无论 u，v 是自变量还是中间变量，均有 $dz=\dfrac{\partial z}{\partial u}du+\dfrac{\partial z}{\partial v}dv$.

4. 搞清二元函数在某点极限、连续、可偏导、可微之间的关系：

$$\text{极限}\underset{\longleftarrow}{\overset{\diagup\!\!\!\!\diagup}{\longrightarrow}}\text{连续}; \qquad \text{连续}\overset{\diagup\!\!\!\!\diagup}{\underset{\diagup\!\!\!\!\diagup}{\longleftrightarrow}}\text{可（偏）导}; \qquad \text{可（偏）导}\underset{\longleftarrow}{\overset{\diagup\!\!\!\!\diagup}{\longrightarrow}}\text{可微}$$

如果函数 $z=f(x,y)$ 的两个偏导数 $\dfrac{\partial z}{\partial x}$、$\dfrac{\partial z}{\partial y}$ 连续，则函数在该点可微.

注意：上述概念和结论可推广到多元函数.

要求：（1）利用定义讨论二元函数 $z=f(x,y)$ 在某点的偏导数.

（2）熟练计算 $z=f(x,y)$ 的偏导数、高阶偏导数、全微分.

（3）清楚二元函数极限、连续、可偏导、可微之间的关系及与一元函数极限、连续、可导、可微之间的关系的异同.

二、多元复合函数求导法则

1. 设 $z=f(u,v)$，$u=u(t)$，$v=v(t)$，则复合函数 $z=f[u(t),v(t)]$ 的全导数

$$\frac{dz}{dt}=\frac{\partial z}{\partial u}\frac{du}{dt}+\frac{\partial z}{\partial v}\frac{dv}{dt}$$

2. 设 $z=f(u,v)$，$u=u(x,y)$，$v=v(x,y)$，则复合函数 $z=f[u(x,y),v(x,y)]$ 的偏导数

$$\frac{\partial z}{\partial x}=\frac{\partial z}{\partial u}\frac{\partial u}{\partial x}+\frac{\partial z}{\partial v}\frac{\partial v}{\partial x} \qquad \frac{\partial z}{\partial y}=\frac{\partial z}{\partial u}\frac{\partial u}{\partial y}+\frac{\partial z}{\partial v}\frac{\partial v}{\partial y}$$

注：若 $z = f(u, v)$ 是一般函数，约定记：$f'_1 = \dfrac{\partial f(u,v)}{\partial u}$，$f'_2 = \dfrac{\partial f(u,v)}{\partial v}$，$f''_{12} = \dfrac{\partial^2 f(u,v)}{\partial u \partial v}$，…

3. 设 $z = f(u)$，$u = u(x, y)$，则复合函数 $z = f[u(x, y)]$ 的偏导数

$$\frac{\partial z}{\partial x} = f'(u)\frac{\partial u}{\partial x} \quad \frac{\partial z}{\partial y} = f'(u)\frac{\partial u}{\partial y} \qquad z - u \underset{\diagdown\, y}{\overset{\diagup\, x}{}}$$

注意：（1）一个中间变量的情形实质上就是一元复合函数的求导法则．

（2）无论中间变量，自变量的个数如何，建议画变量间的结构图，搞清关系再计算．

（3）若函数既有四则运算又有复合运算，计算时先利用四则运算的求导法则，遇到需要复合函数求导时再求导数或偏导数．

三、隐函数的求导法则

1. 若 $F(x, y) = 0$ 确定一元隐函数 $y = y(x)$，则 $\dfrac{\mathrm{d}y}{\mathrm{d}x} = -\dfrac{F_x}{F_y}$．

这里 F_x 是函数 $F(x, y)$ 中将 y 看作常数对 x 求导的结果．类似理解 F_y．

2. 若 $F(x, y, z) = 0$ 确定二元隐函数 $z = z(x, y)$，则 $\dfrac{\partial z}{\partial x} = -\dfrac{F_x}{F_z}$，$\dfrac{\partial z}{\partial y} = -\dfrac{F_y}{F_z}$．

这里 F_z 是函数 $F(x, y, z)$ 中，将 x、y 均看作常数对 z 求导的结果．一般地 F_z 仍然是 x、y 和 z 的函数．类似理解 F_x、F_y．

注意：由方程所确定的隐函数的导数或偏导数，除用以上公式计算外，还可以利用推导公式的方法直接求．

要求：（1）熟练掌握多元复合函数的一阶偏导数．

（2）求多元复合函数一个中间变量情形的一阶、二阶偏导数．

（3）一个方程情形的隐函数的导数或偏导数．

四、多元函数的极值及其求法

1. 求 $z = f(x, y)$ 的极值（无条件极值），一般步骤如下：

（1）求所有驻点，即解方程组：$\begin{cases} f'_x(x, y) = 0 \\ f'_y(x, y) = 0 \end{cases}$．

（2）对每一个驻点，求 A、B、C 的值 $[A = f_{xx}(x_0, y_0), B = f_{xy}(x_0, y_0), C = f_{yy}(x_0, y_0)]$．

（3）用 $AC - B^2$ 判定驻点 (x_0, y_0) 是否为极值点 $[AC - B^2 > 0$ 是极值点，且 $A > 0$（< 0）是极小（大）点$]$．

（4）求函数 $f(x, y)$ 在极值点的极值．

2. 求闭区域 D 上连续函数 $z = f(x, y)$ 的最大（小）值，一般步骤如下：

（1）求 $f(x, y)$ 在 D 内的所有驻点．

（2）求 $f(x, y)$ 在 D 的边界上的最大值和最小值（条件极值）．

（3）比较以上函数值，最大的即为最大值，最小的即为最小值.

3. 应用题：求目标函数 $z=f(x,y)$ 在条件 $\varphi(x,y)=0$ 下的条件极值.

方法一：化为无条件极值方法：把条件化为显函数代入目标函数计算.

方法二：拉格朗日乘数法（避免隐函数化为显函数的困难，且可推广到多元函数在多个条件下的极值问题）. 步骤如下：

（1）作拉格朗日函数 $L(x,y,\lambda)=f(x,y)+\lambda\varphi(x,y)$（其中 λ 为参数）.

（2）解方程组 $\begin{cases} L_x=f_x(x,y)+\lambda\varphi_x(x,y)=0 \\ L_y=f_y(x,y)+\lambda\varphi_y(x,y)=0, \\ L_\lambda=\varphi(x,y)=0,（条件） \end{cases}$ 求出 (x,y).

（3）(x,y) 是可能的极值点，再由实际意义判定 (x,y) 为所求问题的最大（小）值点.

要求：（1）求 $z=f(x,y)$ 的极值（无条件极值）.

（2）利用拉格朗日乘数法解应用题.

班级＿＿＿＿＿＿＿

姓名＿＿＿＿＿＿＿

二元函数微分学（练习二）

一、选择题

1. 设复合函数 $u=f(x+y,\ xz)$，则 u 的中间变量和自变量的个数分别是（　　　　）.

A. 2 和 2

B. 2 和 3

C. 3 和 3

D. 3 和 2

2. 设 $z=f(x,\ u)$，而 $u=\varphi(x,\ y)$，则 $\dfrac{\partial z}{\partial x}=$（　　　　）.

A. $f_u\varphi_x$

B. $f_x+f_u\varphi_x$

C. $f_x\varphi_x+f_u\varphi_x$

D. $f_u\varphi_y$

3. 设 $u=f(xyz)$，则 $\dfrac{\partial u}{\partial x}=$（　　　　）.

A. $\dfrac{\mathrm{d}f}{\mathrm{d}x}$

B. $f'_x(xyz)$

C. $f'(xyz)yz$

D. $\dfrac{\mathrm{d}f}{\mathrm{d}x}yz$

4. 设 $f(x,y)=\dfrac{x-y}{x+y}$ 则 $\mathrm{d}f(0,2)=$（　　　　）.

A. $\mathrm{d}y$

B. $\mathrm{d}x$

C. $\mathrm{d}x-\mathrm{d}y$

D. $\dfrac{\mathrm{d}y-\mathrm{d}x}{2}$

5. 函数 $z=f(x,y)$ 在点 $(x_0,\ y_0)$ 处，下列陈述正确的是（　　　　）.

A. 可偏导$\Rightarrow$连续

B. 可微$\Leftrightarrow$可偏导

C. 可微$\Rightarrow$连续

D. 可微$\Rightarrow$偏导连续

二、填空题

1. $z=\arctan(xy)$，而 $y=\mathrm{e}^x$，则 $\dfrac{\mathrm{d}z}{\mathrm{d}x}=$ ＿＿＿＿＿＿＿＿ .

2. $z=\arcsin(x-y)$，而 $x=3t$，$y=4t^3$，则 $\dfrac{\mathrm{d}z}{\mathrm{d}t}=$ ＿＿＿＿＿＿＿＿ .

3. $u=f(x^2-y^2,\ \mathrm{e}^{xy})$，则 $\dfrac{\partial u}{\partial x}=$ ＿＿＿＿＿＿＿＿ ，$\dfrac{\partial u}{\partial y}=$ ＿＿＿＿＿＿＿＿ .

4. $u=f\left(\dfrac{x}{y},\dfrac{y}{z}\right)$，则 $\dfrac{\partial u}{\partial x}=$ ＿＿＿＿＿＿＿＿ ，$\dfrac{\partial u}{\partial y}=$ ＿＿＿＿＿＿＿＿ ，$\dfrac{\partial u}{\partial z}=$ ＿＿＿＿＿＿＿＿ .

5. $z=xy+xF(u)$，而 $u=\dfrac{y}{x}$，$F(u)$ 可导，则 $\dfrac{\partial z}{\partial x}=$ ＿＿＿＿＿＿＿＿ ，$\dfrac{\partial z}{\partial y}=$ ＿＿＿＿＿＿＿＿ .

6. $z^3-3xyz=a^3$，则 $\dfrac{\partial z}{\partial x}=$ ＿＿＿＿＿＿＿＿ ，$\dfrac{\partial z}{\partial y}=$ ＿＿＿＿＿＿＿＿ .

7. $u=x^{yz}$，则函数的全微分 $\mathrm{d}u=$ ＿＿＿＿＿＿＿＿ .

三、计算下列各题

1. $z = 2^{\frac{x}{y} + e^{xy}}$，求 $\mathrm{d}z$.

2. $\ln \sqrt{x^2 + y^2} = \arctan \dfrac{y}{x}$，求 $\dfrac{\mathrm{d}y}{\mathrm{d}x}$.

3. 已知 $z = z(x, y)$，由方程 $2xy - yz + x\sin z = 0$ 确定，求 $\mathrm{d}z$.

4. 设 $x + y - z = \mathrm{e}^z$ 确定了函数 $z = z(x, y)$，求 $\dfrac{\partial z}{\partial x}$.

5. 设函数 $z = z(x, y)$ 由方程 $z = \mathrm{e}^{2x-3z} + 2y$ 确定，计算 $3\dfrac{\partial z}{\partial x} + \dfrac{\partial z}{\partial y}$.

四、证明题

1. 设 $u=y+f(x^2+y^2)$ 其中 $f(u)$ 可微，试证 $x\dfrac{\partial u}{\partial y}-y\dfrac{\partial u}{\partial x}=x$.

2. 设 $z=\dfrac{y}{f(x^2-y^2)}$，其中 $f(u)$ 可微，验证：$\dfrac{1}{x}\dfrac{\partial z}{\partial x}+\dfrac{1}{y}\dfrac{\partial z}{\partial y}=\dfrac{z}{y^2}$.

3. 设 $x=x(y,z),y=y(x,z),z=z(x,y)$ 都是由 $F(x,y,z)=0$ 所确定的隐函数，证明：$\dfrac{\partial z}{\partial x}\dfrac{\partial x}{\partial y}\dfrac{\partial y}{\partial z}=-1$.

班级＿＿＿＿＿＿

姓名＿＿＿＿＿＿

二元函数微分学（复习题）

一、选择题

1. 设 $f(u)$ 可微，且 $f'(0)=\dfrac{1}{2}$，则 $z=f(4x^2-y^2)$ 的全微分 $\mathrm{d}z|_{(1,2)}=$（ ）．

A. $4\mathrm{d}x-2\mathrm{d}y$ B. $\mathrm{d}x-\mathrm{d}y$ C. $4\mathrm{d}x+2\mathrm{d}y$ D. $-4\mathrm{d}x-2\mathrm{d}y$

2. 函数 $z=x^3-y^3+3x^2+3y^2-9x$ 的极小值点是（ ）．

A. $(1,0)$ B. $(1,2)$ C. $(-3,0)$ D. $(-3,2)$

3. 设 $z=\dfrac{1}{x}f(xy)+y\varphi(x+y)$，其中 f、φ 具有二阶连续导数，则 $\dfrac{\partial^2 z}{\partial x\partial y}=$（ ）．

A. 0

B. $-\dfrac{1}{x^2}f''+\varphi'+y\varphi''$

C. $yf''+\varphi'+y\varphi''$

D. $-\dfrac{1}{x^2}f''+\dfrac{f''}{x}+\varphi''$

二、填空题

1. $f(x-y,2x)=(x-y)\cos(x+y)$ 则 $f(x,y)=$ ＿＿＿＿＿＿＿．

2. 设 $z=(x+y)^{xy}$，则 $f'_x(1,1)=$ ＿＿＿＿＿＿＿，$f'_y(1,0)=$ ＿＿＿＿＿．

3. 若函数 $f(x,y)=2x^2+2ax+xy^2+2y$ 在点 $(1,-1)$ 处取得极值，则 $a=$ ＿＿＿＿．

三、计算下列各题

1. 求函数 $f(x,y)=4(x-y)-x^2-y^2$ 的极值．

2. 讨论函数 $f(x,y)=x^2+y^2-2\ln x-2\ln y(x>0,y>0)$ 的极值．

3. 设 $w=f(x,y,t)$，其中 f 可微，且 $x=\dfrac{1}{t}$，$y=\ln t$，求 $\mathrm{d}w$．

4. 设 $f(x,y,z)=\mathrm{e}^x yz^2$，其中 $z=z(x,y)$ 由 $x+y+z+xyz=0$ 确定，求 $f'_x(0,1,-1)$.

5. 设 $x+z=yf(x^2-z^2)$，$f(u)$ 可微，求 $z\dfrac{\partial z}{\partial x}+y\dfrac{\partial z}{\partial y}$.

6. 已知 $z=z(x,y)$ 由方程 $x^2+2y^2+3z^2+xy-z-9=0$ 确定，求 $\dfrac{\partial z}{\partial x}$.

7. 设 $z=f(x,y)$ 是由方程 $xyz+\sqrt{x^2+y^2+z^2}=\sqrt{2}$ 确定的隐函数，求 z 在点 $(1，0，-1)$ 处的全微分 $\mathrm{d}z$.

四、应用题

1. 某养殖场饲养两种鱼，若甲种鱼放养 x（万尾），乙种鱼放养 y（万尾），收获时两种鱼的收获量分别为 $(3-2x-2y)x$ 和 $(4-2x-4y)y$，求使得产鱼总量最大的放养数.

2. 在抛物面 $z=x^2+y^2$ 上求到平面 $2x-3y+z+5=0$ 的最近点，并计算最近距离.

3. 设有一圆板占有平面闭区域 $\{(x,y)|x^2+y^2\leqslant 1\}$，该圆板被加热，以致在点 (x,y) 的温度是 $T=x^2+2y^2-x$，求该圆板的最热点和最冷点.

五、证明题

设 $F(u,v)$ 具有连续偏导数，证明由方程 $F(cx-az,cy-bz)=0$ 所确定的函数 $z=f(x,y)$ 满足：$a\dfrac{\partial z}{\partial x}+b\dfrac{\partial z}{\partial y}=c$.

第七章 二 重 积 分

二重积分（内容摘要一）

一、二重积分的概念和性质

1. 定义：$\iint\limits_D f(x,y)\mathrm{d}\sigma = \lim\limits_{\lambda \to 0}\sum\limits_{i=1}^{n} f(\xi_i,\eta_i)\Delta\sigma_i$　（存在时）

注意：（1）与定积分一样，$\iint\limits_D f(x,y)\mathrm{d}\sigma$ 是极限值，仅取决于积分区域 D 和被积函数 $f(x,y)$．与积分区域 D 的分法和点 (ξ_i,η_i) 的取法无关，与积分变量也无关．

例如：D：$x^2+y^2\leqslant a^2$（关于 $y=x$ 对称），有 $\iint\limits_D x^2\mathrm{d}\sigma = \iint\limits_D y^2\mathrm{d}\sigma$.

（2）若 $f(x,y)$ 在积分区域 D 上连续，则二重积分 $\iint\limits_D f(x,y)\mathrm{d}\sigma$ 存在(可积).

（3）几何意义：当 $f(x,y)\geqslant 0$ 时，$\iint\limits_D f(x,y)\mathrm{d}\sigma$ 表示以曲面 $z=f(x,y)$ 为顶、以 D 为底的曲顶柱体的体积．

特别地，当 $f(x,y)=1$ 时，$\iint\limits_D 1\mathrm{d}\sigma = \iint\limits_D \mathrm{d}\sigma = D$ 的面积．

（4）物理意义：当 $f(x,y)$ 表示平面薄片 D 的面密度时，$\iint\limits_D f(x,y)\mathrm{d}\sigma$ 表示 D 的质量．

2. 性质：类似于定积分的性质（线性性质；分域性质；一些不等式关系；二重积分的中值定理等）．

二、利用直角坐标计算二重积分

基本思路：化为二次定积分．

步骤 1. 画积分区域 D（是平面区域）．

步骤 2. 选择积分次序（有两种情形）．

（1）先 y 后 x 的积分次序：$\iint\limits_D f(x,y)\mathrm{d}x\mathrm{d}y = \int_a^b \mathrm{d}x \int_{\varphi_1(x)}^{\varphi_2(x)} f(x,y)\mathrm{d}y$.

说明：先定 x 的积分限（方法：将积分区域 D 向 x 轴投影得 $a\leqslant x\leqslant b$），再定 y 的积分限．方法：任取 $x\in[a,b]$，作平行于 y 轴的直线，穿过区域得 $\varphi_1(x)=y_1\leqslant y\leqslant y_2=\varphi_2(x)$.

（2）先 x 后 y 的积分次序：$\iint\limits_D f(x,y)\mathrm{d}x\mathrm{d}y = \int_c^d \mathrm{d}y \int_{\psi_1(y)}^{\psi_2(y)} f(x,y)\mathrm{d}x$.

说明：先定 y 的积分限（方法：将积分区域 D 向 y 轴投影得 $c\leqslant y\leqslant d$），再定 x 的积分限方法：任取 $y\in[c,d]$，作平行于 x 轴的直线，穿过区域得 $\psi_1(y)=x_1\leqslant x\leqslant x_2=\psi_2(y)$.

步骤 3. 计算 [说明：如先 y 积分，被积函数 $f(x, y)$ 中的 x 暂时看作常数]

特别：若 $f(x,y)=f_1(x)f_2(y)$，D 为矩形区域 $\{(x, y) \mid a \leqslant x \leqslant b, c \leqslant y \leqslant d\}$，则

$$\iint\limits_{D} f(x,y)\mathrm{d}x\mathrm{d}y = \int_a^b f_1(x)\mathrm{d}x \cdot \int_c^d f_2(y)\mathrm{d}y$$

注意：1. 计算二重积分，利用积分区域 D 关于 $x(y)$ 轴的对称性，与被积函数 $f(x, y)$ 关于 $y(x)$ 的奇偶性的正确配合，往往能化简计算.

$$\iint\limits_{D} f(x,y)\mathrm{d}x\mathrm{d}y \xlongequal{D \text{ 关于 } x \text{ 轴对称}} \begin{cases} 0, & f(x,-y)=-f(x,y) \\ 2\iint\limits_{D_{\perp}} f(x,y)\mathrm{d}x\mathrm{d}y, & f(x,-y)=f(x,y) \end{cases}$$

$$\iint\limits_{D} f(x,y)\mathrm{d}x\mathrm{d}y \xlongequal{D \text{ 关于 } y \text{ 轴对称}} \begin{cases} 0, & f(-x,y)=-f(x,y) \\ 2\iint\limits_{D_{\text{右}}} f(x,y)\mathrm{d}x\mathrm{d}y, & f(-x,y)=f(x,y) \end{cases}$$

2. 求二次积分时，若遇到积分积不出的情形，如 $\int \mathrm{e}^{-x^2}\mathrm{d}x$, $\int \dfrac{\sin x}{x}\mathrm{d}x$, $\int \dfrac{1}{\ln x}\mathrm{d}x$ 等，往往考虑交换积分次序，然后再计算.

3. 交换积分次序的步骤如下：

(1) 根据所给的积分限画出积分区域 D.

(2) 按所要求的次序确定新的积分限.

(3) 写出结果：$\int_a^b \mathrm{d}x \int_{\varphi_1(x)}^{\varphi_2(x)} f(x,y)\mathrm{d}y = \int_c^d \mathrm{d}y \int_{\psi_1(y)}^{\psi_2(y)} f(x,y)\mathrm{d}x$.

要求：熟练掌握二重积分在直角坐标系下的计算和交换积分次序.

班级＿＿＿＿＿＿＿＿

姓名＿＿＿＿＿＿＿＿

二重积分（练习一）

一、单项选择题

1. 平面区域由 $x=0$，$y=0$，$x+y=\dfrac{1}{2}$，$x+y=1$ 所围成，若 $I_1=\iint\limits_{D}\ln(x+y)\mathrm{d}\sigma$，
$I_2=\iint\limits_{D}(x+y)^2\mathrm{d}\sigma$，$I_3=\iint\limits_{D}(x+y)\mathrm{d}\sigma$，下列结论正确的是（　　　　）．

   A. $I_1\leqslant I_2\leqslant I_3$ B. $I_1\leqslant I_3\leqslant I_2$

   C. $I_3\leqslant I_1\leqslant I_2$ D. $I_3\leqslant I_2\leqslant I_1$

2. 设 $D=\{(x,y)\mid x^2+y^2\leqslant R^2\}$，$I=\iint\limits_{D}\sqrt{R^2-x^2-y^2}\,\mathrm{d}x\mathrm{d}y$，则有几何意义（　　　　）．

   A. $I=\pi R^3$ B. $I=\dfrac{1}{3}\pi R^3$ C. $I=\dfrac{4}{3}\pi R^3$ D. $I=\dfrac{2}{3}\pi R^3$

3. 二次积分 $\displaystyle\int_0^1\mathrm{d}y\int_{y^2}^y f(x,y)\mathrm{d}x=$（　　　　）．

   A. $\displaystyle\int_0^1\mathrm{d}x\int_{x^2}^x f(x,y)\mathrm{d}y$ B. $\displaystyle\int_0^1\mathrm{d}x\int_x^{\sqrt{x}} f(x,y)\mathrm{d}y$

   C. $\displaystyle\int_0^1\mathrm{d}x\int_x^{x^2} f(x,y)\mathrm{d}y$ D. $\displaystyle\int_0^1\mathrm{d}x\int_{\sqrt{x}}^x f(x,y)\mathrm{d}y$

4. 二次积分 $\displaystyle\int_0^2\mathrm{d}x\int_x^2 \mathrm{e}^{-y^2}\mathrm{d}y$ 的值为（　　　　）．

   A. $\dfrac{1}{2}(\mathrm{e}^{-4}-1)$ B. $\dfrac{1}{2}(1-\mathrm{e}^{-4})$

   C. $-\dfrac{1}{2}\mathrm{e}^{-4}$ D. $\dfrac{1}{2}\mathrm{e}^{-4}$

二、填空题

1. 设 D 为 $-R\leqslant x\leqslant R$，$0\leqslant y\leqslant\sqrt{R^2-x^2}$，则 $\iint\limits_{D}2\mathrm{d}\sigma=$ ＿＿＿＿＿＿＿＿．

2. 设 $f(x,y)$ 在 D：$y\leqslant 1-x^2$，$y\geqslant x^2-1$ 上连续，试将 $\iint\limits_{D}f(x,y)\mathrm{d}\sigma$ 化为先对 y 再对 x 的二次积分＿＿＿＿＿＿＿＿．

3. 交换积分次序 $\displaystyle\int_0^3\mathrm{d}y\int_y^3 f(x,y)\mathrm{d}x=$ ＿＿＿＿＿＿＿＿．

4. 交换积分次序 $\displaystyle\int_1^2\mathrm{d}x\int_{\frac{1}{x}}^1 y\mathrm{e}^{xy}\mathrm{d}y=$ ＿＿＿＿＿＿＿＿，并求值＿＿＿＿＿＿＿＿．

5. 设 D：$0\leqslant x\leqslant\pi$，$0\leqslant y\leqslant\dfrac{\pi}{2}$，则 $\iint\limits_{D}\sin x\cos y\mathrm{d}x\mathrm{d}y=$ ＿＿＿＿＿＿＿＿．

6. 设 D：$0\leqslant y\leqslant x\leqslant\pi$，则 $\iint\limits_{D}\sqrt{1-\sin^2 x}\mathrm{d}\sigma=$ ＿＿＿＿＿＿＿＿．

三、计算题

1. 设 D 是由 $y=x$，$y=3x$，$x=1$ 所围成的平面区域，求 $\iint\limits_{D}(x+3y)\mathrm{d}\sigma$.

2. 计算 $\iint\limits_{D}y\cos x\mathrm{d}\sigma$，其中 D 是由 $x=y^2$、$y=\sqrt{\dfrac{\pi}{2}}$ 及 y 轴所围的平面区域.

3. 设 D 是顶点分别为 $(0，0)$、$(\pi，0)$ 和 $(\pi，\pi)$ 的三角形闭区域，求 $\iint\limits_{D}x\cos(x+y)\mathrm{d}\sigma$.

4. 设 D 是由 $y=x$，$y=x+a$，$y=a$，$y=3a(a>0)$ 所围成的闭区域，求 $\iint\limits_{D}(x^2+y^2)\mathrm{d}\sigma$.

5. 计算 $\displaystyle\int_{1}^{2}\mathrm{d}y\int_{y}^{2}\dfrac{\sin x}{x-1}\mathrm{d}x$.

6. 交换积分次序 $\int_1^e \mathrm{d}x \int_0^{\ln x} f(x,y)\mathrm{d}y$.

四、计算由四个平面 $x=0$，$y=0$，$x=1$，$y=1$ 所围成的柱体被平面 $z=0$ 及 $2x+3y+z=6$ 截得的立体的体积.

五、证明：$\int_0^a \mathrm{d}y \int_0^y \mathrm{e}^{m(a-x)} f(x)\mathrm{d}x = \int_0^a (a-x)\mathrm{e}^{m(a-x)} f(x)\mathrm{d}x$

二重积分（内容摘要二）

利用极坐标计算二重积分.

1. 变换公式：$\iint\limits_{D} f(x,y)\mathrm{d}x\mathrm{d}y = \iint\limits_{D} f(\rho\cos\theta,\rho\sin\theta)\rho\mathrm{d}\rho\mathrm{d}\theta$

注意：（1）直角坐标与极坐标之间的关系：$x=\rho\cos\theta$，$y=\rho\sin\theta$.

（2）极坐标系下的面积元素 $\mathrm{d}\sigma = \rho\mathrm{d}\rho\mathrm{d}\theta$（直角坐标系下的面积元素 $\mathrm{d}\sigma = \mathrm{d}x\mathrm{d}y$）.

（3）积分区域 D 的边界曲线利用 $x=\rho\cos\theta$ 和 $y=\rho\sin\theta$ 化为极坐标方程.

2. 计算（一般选取先 ρ 后 θ 的积分次序）

说明：先定 θ 的积分限（方法：从原点出发作射线，若 D 介于两条射线之间得 $\alpha\leqslant\theta\leqslant\beta$），再定 ρ 的积分限 [方法：任取 $\theta\in[\alpha,\beta]$ 作射线，穿过区域得 $\rho_1(\theta)=\rho_1\leqslant\rho\leqslant\rho_2=\rho_2(\theta)$].

常有下列三种情形：

（1）极点在 D 的内部，D：$\begin{cases}0\leqslant\theta\leqslant 2\pi \\ 0\leqslant\rho\leqslant\rho(\theta)\end{cases}$，则

$$\iint\limits_{D} f(x,y)\mathrm{d}x\mathrm{d}y = \int_0^{2\pi}\mathrm{d}\theta\int_0^{\rho(\theta)} f(\rho\cos\theta,\rho\sin\theta)\rho\mathrm{d}\rho$$

特别 D：$x^2+y^2\leqslant a^2$，则

$$\iint\limits_{D} f(x,y)\mathrm{d}x\mathrm{d}y = \int_0^{2\pi}\mathrm{d}\theta\int_0^{a} f(\rho\cos\theta,\rho\sin\theta)\rho\mathrm{d}\rho$$

（2）极点在 D 的外面，D：$\begin{cases}\alpha\leqslant\theta\leqslant\beta \\ \rho_1(\theta)\leqslant\rho\leqslant\rho_2(\theta)\end{cases}$，则

$$\iint\limits_{D} f(x,y)\mathrm{d}x\mathrm{d}y = \int_\alpha^{\beta}\mathrm{d}\theta\int_{\rho_1(\theta)}^{\rho_2(\theta)} f(\rho\cos\theta,\rho\sin\theta)\rho\mathrm{d}\rho$$

特别 D：$a^2\leqslant x^2+y^2\leqslant 2ay$，则

$$\iint\limits_{D} f(x,y)\mathrm{d}x\mathrm{d}y = \int_{\frac{\pi}{6}}^{\frac{5\pi}{6}}\mathrm{d}\theta\int_a^{2a\sin\theta} f(\rho\cos\theta,\rho\sin\theta)\rho\mathrm{d}\rho$$

（3）极点在 D 的边界上，D：$\begin{cases}\alpha\leqslant\theta\leqslant\beta \\ 0\leqslant\rho\leqslant\rho(\theta)\end{cases}$，则

$$\iint\limits_{D} f(x,y)\mathrm{d}x\mathrm{d}y = \int_\alpha^{\beta}\mathrm{d}\theta\int_0^{\rho(\theta)} f(\rho\cos\theta,\rho\sin\theta)\rho\mathrm{d}\rho$$

特别 D：$x^2+y^2\leqslant 2ax$，则

$$\iint\limits_{D} f(x,y)\mathrm{d}x\mathrm{d}y = \int_{-\frac{\pi}{2}}^{\frac{\pi}{2}}\mathrm{d}\theta\int_0^{2a\cos\theta} f(\rho\cos\theta,\rho\sin\theta)\rho\mathrm{d}\rho$$

注意：（1）一般当积分区域 D 的边界有圆弧，被积函数 $f(x,y)$ 含 x^2+y^2 时，选极坐标计算较简便.

（2）极坐标下的计算，也有利用积分区域 D 关于 $x(y)$ 轴的对称性，与被积函数 $f(x,y)$ 关于 $y(x)$ 的奇偶性的正确配合化简的问题，应先判断再

利用极坐标计算.

（3）为了后续的学习，一定要多做题，多总结. 正确选坐标系，定积分限，掌握好二重积分在两个坐标系下的计算.

要求：熟练掌握二重积分在极坐标系下的计算.

班级_____

姓名_____

二重积分（练习二）

一、选择题

1. 设 D 是由 $x^2 + y^2 = a^2$ 所围的闭区域，则 $\iint\limits_{D} (x^2 + y^2) \mathrm{d}\sigma = ($ $)$.

A. πa^4 B. $2\pi a^4$ C. $\dfrac{1}{2}\pi a^4$ D. $\dfrac{2}{3}\pi a^3$

2. 设 $R > 0$，$f(x, y)$ 为连续函数，则 $\displaystyle\int_0^R \mathrm{d}x \int_0^{\sqrt{R^2 - x^2}} f(x^2 + y^2) \mathrm{d}y = ($ $)$.

A. $\pi \displaystyle\int_0^R f(r^2) r \mathrm{d}r$ B. $2\pi \displaystyle\int_0^R f(r^2) r \mathrm{d}r$ C. $\dfrac{\pi}{2} \displaystyle\int_0^R f(r^2) r \mathrm{d}r$ D. 0

3. $\iint\limits_{x^2 + y^2 \leqslant 1} \sqrt[3]{x^2 + y^2} \, \mathrm{d}x\mathrm{d}y$ 的值为 （   ）.

A. $\dfrac{3}{4}\pi$ B. $\dfrac{6}{7}\pi$ C. $\dfrac{6}{5}\pi$ D. $\dfrac{3}{2}\pi$

4. 球体 $x^2 + y^2 + z^2 \leqslant 4a^2$ 被柱体 $x^2 + y^2 \leqslant a^2$ 截得的立体的体积等于（   ）.

A. $\displaystyle\int_0^{2\pi} \mathrm{d}\theta \int_0^a \sqrt{4a^2 - \rho^2} \, \mathrm{d}\rho$ B. $\displaystyle\int_0^{2\pi} \mathrm{d}\theta \int_0^{2a} \sqrt{4a^2 - \rho^2} \, \rho \mathrm{d}\rho$

C. $8\displaystyle\int_0^{\frac{\pi}{2}} \mathrm{d}\theta \int_0^a \sqrt{4a^2 - \rho^2} \, \rho \mathrm{d}\rho$ D. $4\displaystyle\int_0^{\frac{\pi}{2}} \mathrm{d}\theta \int_0^a \sqrt{4a^2 - \rho^2} \, \rho \mathrm{d}\rho$

5. 设 D 是由 $x = 0$，$x + y = 1$，$x - y = 1$ 所围的平面区域，则 $\iint\limits_{D} \dfrac{xy}{x^2 + y^2} \mathrm{d}\sigma = ($ $)$.

A. 0 B. 1 C. 2 D. 3

二、填空题

1. $\iint\limits_{x^2 + y^2 \leqslant R^2} (ax + by + c) \mathrm{d}\sigma = $ _____

2. 设 D：$|x| \leqslant 1$，$0 \leqslant y \leqslant 2$，则 $\iint\limits_{D} x^2 y \mathrm{d}\sigma = $ _____，$\iint\limits_{D} xy^2 \mathrm{d}\sigma = $ _____.

3. 设 D 是 $x^2 + y^2 \leqslant 1$，$\iint\limits_{D} f(x^2 + y^2) \mathrm{d}\sigma$ 在极坐标系下的累次积分为_____.

4. 设 D：$x^2 + y^2 \leqslant 1$，$x^2 + y^2 \geqslant 2y$，$x \geqslant 0$，$y \geqslant 0$，则 $\iint\limits_{D} f(x, y) \mathrm{d}x\mathrm{d}y$ 化为极坐标下的二次积分 为_____.

5. $\displaystyle\int_0^2 \mathrm{d}x \int_0^{\sqrt{4 - x^2}} e^{x^2 + y^2} \mathrm{d}y$ 在极坐标下的二次积分为_____，其值为_____.

6. $\displaystyle\iint\limits_{x^2+y^2\leqslant\frac{1}{2}}\frac{1}{\sqrt{1-x^2-y^2}}\mathrm{d}\sigma=$ _____

7. $\displaystyle\iint\limits_{x^2+y^2\leqslant4}(xy+1)\mathrm{d}\sigma=$ _____

8. D：$x^2+y^2\leqslant2x$，$y\geqslant0$，则 $\displaystyle\iint\limits_{D}\sqrt{x^2+y^2}\mathrm{d}\sigma=$ _____．

三、计算下列各题

1. $\displaystyle\iint\limits_{x^2+y^2\leqslant a^2}\mid xy\mid\mathrm{d}\sigma$

2. 设 D：$x^2+y^2\leqslant4$，求 $\displaystyle\iint\limits_{D}(1+\sqrt[3]{xy})\mathrm{d}\sigma$．

3. $\displaystyle\iint\limits_{x^2+y^2\leqslant1}\left[(x^2+y^2)^{3/2}-1\right]\mathrm{d}\sigma$

4. $\displaystyle\int_0^{2a}\mathrm{d}x\int_0^{\sqrt{2ax-x^2}}(x^2+y^2)\mathrm{d}y$

5. 设 D 为 $x^2+y^2\leqslant1$，$0\leqslant y\leqslant x$，求 $\displaystyle\iint\limits_{D}\frac{1}{1+x^2+y^2}\mathrm{d}\sigma$．

6. 设 D 是由 $1 \leqslant x^2 + y^2 \leqslant 2$，$y = x$ 及 x 轴所围的第一象限部分，求 $\iint\limits_{D} \arctan \dfrac{y}{x} \mathrm{d}\sigma$.

7. 求 $\iint\limits_{D} x y^2 \mathrm{d}\sigma$，其中 D 是由圆周 $x^2 + y^2 = 4$ 及 y 轴所围的右半闭区域.

班级_____

姓名_____

二重积分（复习题）

一、选择题

1. 设区域 $D=\{(x,y)\mid -a\leqslant x\leqslant a, x\leqslant y\leqslant a\}$，$D_1=\{(x,y)\mid 0\leqslant x\leqslant a, x\leqslant y\leqslant a\}$，

则 $\iint\limits_{D}(xy+\cos x\sin y)\mathrm{d}x\mathrm{d}y = ($ $)$.

A. $2\iint\limits_{D_1}\cos x\sin y\mathrm{d}x\mathrm{d}y$ B. $2\iint\limits_{D_1}xy\mathrm{d}x\mathrm{d}y$ C. $4\iint\limits_{D_1}(xy+\cos x\sin y)\mathrm{d}x\mathrm{d}y$ D. 0

2. 设 $f(x)$ 是区域 D：$1\leqslant x^2+y^2\leqslant 4$ 上的连续函数，则 $\iint\limits_{D}f(\sqrt{x^2+y^2})\mathrm{d}\sigma = $

($\quad$).

A. $2\pi\int_1^2 xf(x)\mathrm{d}x$ 　　　　　　　　B. $2\pi\int_1^2 f(x)\mathrm{d}x$

C. $2\pi\left[\int_0^4 xf(x)\mathrm{d}x-\int_0^1 xf(x)\mathrm{d}x\right]$ 　　　　D. $2\pi\left[\int_0^4 f(x)\mathrm{d}x-\int_0^1 f(x)\mathrm{d}x\right]$

3. 二次积分 $\int_0^{\frac{\pi}{2}}\mathrm{d}\theta\int_0^{\cos\theta}f(\rho\cos\theta,\rho\sin\theta)\rho\mathrm{d}\rho = ($ $)$.

A. $\int_0^1\mathrm{d}x\int_0^1 f(x,y)\mathrm{d}y$ 　　　　　　B. $\int_0^1\mathrm{d}y\int_0^{\sqrt{y-y^2}}f(x,y)\mathrm{d}x$

C. $\int_0^1\mathrm{d}y\int_0^{\sqrt{1-y^2}}f(x,y)\mathrm{d}x$ 　　　　D. $\int_0^1\mathrm{d}x\int_0^{\sqrt{x-x^2}}f(x,y)\mathrm{d}y$

4. 圆柱体 $x^2+y^2\leqslant R^2$，$x^2+z^2\leqslant R^2$ 的公共部分的体积等于（   ）.

A. $2\int_0^R\mathrm{d}x\int_0^{\sqrt{R^2-x^2}}\sqrt{R^2-x^2}\mathrm{d}y$

B. $8\int_0^R\mathrm{d}x\int_0^{\sqrt{R^2-x^2}}\sqrt{R^2-x^2}\mathrm{d}y$

C. $\int_{-R}^R\mathrm{d}x\int_{-\sqrt{R^2-x^2}}^{\sqrt{R^2-x^2}}\sqrt{R^2-x^2}\mathrm{d}y$

D. $4\int_{-R}^R\mathrm{d}x\int_{-\sqrt{R^2-x^2}}^{\sqrt{R^2-x^2}}\sqrt{R^2-x^2}\mathrm{d}y$

二、填空题

1. $\int_1^5\mathrm{d}y\int_x^5\dfrac{1}{y\ln x}\mathrm{d}x = $ _____

2. 设 D：$x^2+y^2\leqslant 4$，则 $\iint\limits_{D}\left(y+\dfrac{1}{1+x^2+y^2}\right)\mathrm{d}\sigma = $ _____.

3. $\iint\limits_{|x|+|y|\leqslant 1}(\mid x\mid+y)\mathrm{d}\sigma = $ _____

4. D：$x^2+y^2\leqslant 2ax$，$y\geqslant 0$，则 $\iint\limits_{D}f(x+y^2)\mathrm{d}\sigma$ 化为极坐标下的二次积分是_____.

5. 化 $\int_0^2 \mathrm{d}x \int_x^{\sqrt{3}x} f(xy)\mathrm{d}y$ 为极坐标下的二次积分为 _____.

三、计算下列各题

1. 求 $\iint\limits_D \min(x,y)\mathrm{d}x\mathrm{d}y$ ，其中 D：$0 \leqslant x \leqslant 3$，$0 \leqslant y \leqslant 1$.

2. $\iint\limits_D \ln(1 + x^2 + y^2)\mathrm{d}\sigma$ ，其中 D：$x^2 + y^2 \leqslant 1$，$x \geqslant 0$，$y \geqslant 0$.

3. $\iint\limits_D (y^2 + 3x - 6y + 9)\mathrm{d}\sigma$ ，其中 D：$x^2 + y^2 \leqslant a^2$.

四、求由 $z = 6 - x^2 - y^2$ 及 $z = \sqrt{x^2 + y^2}$ 所围立体的体积.

五、设 $f(u)$ 连续，且 $f(0) = 0$，$f'(0)$ 存在，计算：$\lim\limits_{t \to 0^+} \dfrac{1}{\pi t^3} \iint\limits_{x^2+y^2 \leqslant t^2} f(\sqrt{x^2 + y^2})\mathrm{d}x\mathrm{d}y$.

第八章 无 穷 级 数

无穷级数（内容摘要一）

一、常数项级数的概念和性质

1. 无穷级数 $\sum\limits_{n=1}^{\infty} u_n$ 收敛（发散）$\Leftrightarrow \lim\limits_{n \to \infty} S_n = S$ 存在（不存在）

其中，$S_n = \sum\limits_{i=1}^{n} u_i$ 称为级数的部分和，收敛时记 $\sum\limits_{n=1}^{\infty} u_n = S$.

注意：若级数 $\sum\limits_{n=1}^{\infty} u_n$ 的前 $2n$ 项的和 $S_{2n} \to a (n \to \infty)$，则该级数敛散性不能确定.

2. 级数收敛的基本性质

（1）若 $\sum\limits_{n=1}^{\infty} u_n = S_1$，$\sum\limits_{n=1}^{\infty} v_n = S_2$，则 $\sum\limits_{n=1}^{\infty} (au_n \pm bv_n) = aS_1 \pm bS_2$.

注意：若 $\sum\limits_{n=1}^{\infty} u_n$ 与 $\sum\limits_{n=1}^{\infty} v_n$ 都发散，则 $\sum\limits_{n=1}^{\infty} (u_n \pm v_n)$ 不一定发散.

若 $\sum\limits_{n=1}^{\infty} u_n$ 收敛，$\sum\limits_{n=1}^{\infty} v_n$ 发散，则 $\sum\limits_{n=1}^{\infty} (u_n \pm v_n)$ 一定发散.

（2）级数中改变有限项，不改变级数的敛散性.

注意：收敛时和要改变.

（3）收敛级数任加括号所得到的新级数，仍收敛于原来的和.

注意：若级数加括号后发散，则原级数一定发散.

级数加括号后收敛，则原级数不一定收敛.

（4）级数收敛必要条件：若级数 $\sum\limits_{n=1}^{\infty} u_n$ 收敛，则 $\lim\limits_{n \to \infty} u_n = 0$.

注意：反之不然.

二、正项级数的审敛法

基本定理：正项级数收敛 $\Leftrightarrow$ 部分和数列 $\{S_n\}$ 有界.

判断正项级数 $\sum\limits_{n=1}^{\infty} u_n (u_n \geqslant 0)$ 的敛散性：

1. 若 $\lim\limits_{n \to \infty} u_n \neq 0$，则 $\sum\limits_{n=1}^{\infty} u_n$ 发散.

2. 若 $\lim\limits_{n \to \infty} u_n = 0$，则 $\sum\limits_{n=1}^{\infty} u_n$ 的敛散性不能确定. 再利用比较审敛法及其极限形式和比值

审敛法（达朗贝尔判别法）. （设 $\sum\limits_{n=1}^{\infty} u_n$，$\sum\limits_{n=1}^{\infty} v_n$ 均为正项级数）

比较审敛法：若 $\sum\limits_{n=1}^{\infty} u_n$ 收敛（发散）且 $v_n \leqslant u_n (u_n \leqslant v_n)$，则 $\sum\limits_{n=1}^{\infty} v_n$ 收敛（发散）.

比较审敛法的极限形式：若 $\lim\limits_{n\to\infty}\dfrac{u_n}{v_n}=l(0<l<+\infty)$，则 $\sum\limits_{n=1}^{\infty}u_n$ 与 $\sum\limits_{n=1}^{\infty}v_n$ 有相同的敛散性.

特别：若 $\lim\limits_{n\to\infty}n\cdot u_n=l(0<l\leqslant+\infty)$，则 $\sum\limits_{n=1}^{\infty}u_n$ 发散.

若 $\lim\limits_{n\to\infty}n^p\cdot u_n=l(0\leqslant l<+\infty,\ p>1)$，则 $\sum\limits_{n=1}^{\infty}u_n$ 收敛.

记住几个重要的数项级数：

(1) 等比级数 $\sum\limits_{n=1}^{\infty}aq^{n-1}$，当 $|q|<1$ 时收敛，当 $|q|\geqslant1$ 时发散.

(2) 调和级数 $\sum\limits_{n=1}^{\infty}\dfrac{1}{n}$ 发散.

(3) p^- 级数 $\sum\limits_{n=1}^{\infty}\dfrac{1}{n^p}$，当 $0<p\leqslant1$ 时发散，当 $p>1$ 时收敛.

注意：正项级数的比较审敛法是最重要的，而极限形式最适用.

比值审敛法：求 $\lim\limits_{n\to\infty}\dfrac{u_{n+1}}{u_n}=\rho$. 若 $\rho<1$，则 $\sum\limits_{n=1}^{\infty}u_n$ 收敛；若 $\rho>1(\rho=+\infty)$，则 $\sum\limits_{n=1}^{\infty}u_n$ 发散.

注意：一般当 u_n 中含阶乘、幂等，使得 u_n 与 u_{n+1} 有公因式时，常先考虑比值审敛法.

三、交错级数的审敛法

判断交错级数 $\sum\limits_{n=1}^{\infty}(-1)^{n-1}u_n(u_n\geqslant0)$ 的绝对收敛和条件收敛.

1. 判断 $\sum\limits_{n=1}^{\infty}|(-1)^{n-1}u_n|=\sum\limits_{n=1}^{\infty}|u_n|$（为正项级数）的敛散性. 若收敛，则 $\sum\limits_{n=1}^{\infty}(-1)^{n-1}u_n$ 绝对收敛.

一般：如果 $\sum\limits_{n=1}^{\infty}|u_n|$ 收敛，则称 $\sum\limits_{n=1}^{\infty}u_n$ 为绝对收敛.

2. 若 $\sum\limits_{n=1}^{\infty}|(-1)^{n-1}u_n|$ 发散，但交错级数 $\sum\limits_{n=1}^{\infty}(-1)^{n-1}u_n$ 满足：

(1) $\lim\limits_{n\to\infty}u_n=0$　　　　(2) $u_n\geqslant u_{n+1}$

则 $\sum\limits_{n=1}^{\infty}(-1)^{n-1}u_n$ 收敛（即莱布尼茨判别法），且是条件收敛.

一般：如果 $\sum\limits_{n=1}^{\infty}|u_n|$ 发散，但 $\sum\limits_{n=1}^{\infty}u_n$ 收敛，则称 $\sum\limits_{n=1}^{\infty}u_n$ 条件收敛.

注意：(1) 对于交错级数，先考虑是否绝对收敛，若否，再考虑是否条件收敛.

(2) 判定级数收敛的所有方法都是充分条件，而不一定是必要条件.

(3) 比较和比值审敛法只适用于正项级数；莱布尼茨判别法只适用于交错级数.

要求：(1) 判断正项级数的敛散性.

(2) 判断交错级数的绝对收敛和条件收敛性.

班级_____

姓名_____

无穷级数（练习一）

一、选择题

1. 级数 $\dfrac{a^2}{3}-\dfrac{a^3}{5}+\dfrac{a^4}{7}-\dfrac{a^5}{9}+\cdots$ 的一般项 $u_n=$ （　　　　）.

A. $\dfrac{(-1)^{n-1}a^n}{2n+1}$　　　　B. $\dfrac{(-1)^n a^n}{2n+1}$　　　　C. $\dfrac{(-1)^n a^{n+1}}{2n+1}$　　　　D. $\dfrac{(-1)^{n-1}a^{n+1}}{2n+1}$

2. 若级数 $\displaystyle\sum_{n=1}^{\infty}u_n$ 收敛，则下列级数中不收敛的是（　　　　）.

A. $\displaystyle\sum_{n=1}^{\infty}2u_n$　　　　　　　　　　　B. $\displaystyle\sum_{n=1}^{\infty}\left[u_n+\dfrac{(-1)^n}{2^n}\right]$

C. $\displaystyle\sum_{n=1}^{\infty}(u_n+1)$　　　　　　　　　D. $1+\displaystyle\sum_{n=1}^{\infty}u_n$

3. 用比较审敛法或其极限形式，判定下列级数收敛的是（　　　　）.

A. $\displaystyle\sum_{n=1}^{\infty}\dfrac{\sqrt{n}}{1+n}$　　　　　　　　　B. $\displaystyle\sum_{n=1}^{\infty}\dfrac{1}{an+b}(a>0,b>0)$

C. $\displaystyle\sum_{n=1}^{\infty}\tan\dfrac{\pi}{n}$　　　　　　　　　D. $\displaystyle\sum_{n=1}^{\infty}\dfrac{1}{(2n-1)(2n+1)}$

4. 用比值（达朗贝尔）审敛法，判定下列级数发散的是（　　　　）.

A. $\displaystyle\sum_{n=1}^{\infty}\dfrac{2^n\cdot n!}{n^n}$　　　B. $\displaystyle\sum_{n=1}^{\infty}n\tan\dfrac{\pi}{3^{n+1}}$　　　C. $\displaystyle\sum_{n=1}^{\infty}\dfrac{3^n}{n\cdot 2^n}$　　　D. $\displaystyle\sum_{n=1}^{\infty}\dfrac{6^n}{7^n-5^n}$

5. 设 $u_n\geqslant 0$，$v_n>0$，且 $\displaystyle\lim_{n\to\infty}\dfrac{u_n}{v_n}=0$，则（　　　　）.

A. $\displaystyle\sum_{n=1}^{\infty}v_n$ 收敛时 $\displaystyle\sum_{n=1}^{\infty}u_n$ 收敛　　　　　B. $\displaystyle\sum_{n=1}^{\infty}v_n$ 收敛时 $\displaystyle\sum_{n=1}^{\infty}u_n$ 发散

C. $\displaystyle\sum_{n=1}^{\infty}v_n$ 发散时 $\displaystyle\sum_{n=1}^{\infty}u_n$ 收敛　　　　　D. $\displaystyle\sum_{n=1}^{\infty}v_n$ 发散时 $\displaystyle\sum_{n=1}^{\infty}u_n$ 发散

6. 下列级数中，条件收敛的是（　　　　）.

A. $\displaystyle\sum_{n=1}^{\infty}(-1)^n\dfrac{n+1}{n}$　　　　　　　B. $\displaystyle\sum_{n=1}^{\infty}\dfrac{(-1)^n}{3n-1}$

C. $\displaystyle\sum_{n=1}^{\infty}\dfrac{(-1)^{n-1}}{n^2+1}$　　　　　　　D. $\displaystyle\sum_{n=1}^{\infty}(-1)^{n-1}\dfrac{n^3}{2^n}$

二、填空题

1. 若级数 $\displaystyle\sum_{n=1}^{\infty}u_n$ 的部分和 $S_n=\dfrac{2n}{n+1}$，则 $u_n=$ _____，$\displaystyle\sum_{n=1}^{\infty}u_n=$ _____

_____.

2. 若 $\displaystyle\sum_{n=1}^{\infty}u_n$ 绝对收敛，则 $\displaystyle\sum_{n=1}^{\infty}u_n$ 必定_____；若 $\displaystyle\sum_{n=1}^{\infty}u_n$ 条件收敛，则

$\sum\limits_{n=1}^{\infty} \mid u_n \mid$ 必定 _____.

3. 若级数 $\sum\limits_{n=1}^{\infty} (u_n - 1)$ 收敛，则 $\lim\limits_{n \to \infty} u_n =$ _____. 判断级数 $\sum\limits_{n=1}^{\infty}$ $\dfrac{n}{10n+5}$ _____.

4. 级数 $\sum\limits_{n=1}^{\infty} \dfrac{2^n + n^2 (\ln 3)^n}{n^2 2^n}$ 的敛散性是 _____，其中 $\sum\limits_{n=0}^{\infty} \dfrac{(\ln 3)^n}{2^{n+1}}$ 的和为 _____.

三、判断下列正项级数的敛散性

1. $\sum\limits_{n=1}^{\infty} \ln \left(1 + \dfrac{1}{\sqrt{n}} \right)$

2. $\sum\limits_{n=1}^{\infty} \dfrac{\sqrt{n}}{\sqrt{n^4 + n}}$

3. $\sum\limits_{n=1}^{\infty} n \tan \dfrac{\pi}{3^{n+1}}$

4. $\sum\limits_{n=1}^{\infty} 2^n \ln \left(1 + \dfrac{\pi}{3^n} \right)$

5. $\displaystyle\sum_{n=1}^{\infty} \frac{2^n}{n(n+1)}$

6. $\displaystyle\sum_{n=1}^{\infty} \frac{n\cos^2\frac{n\pi}{3}}{2^n}$

四、判断下列级数是否收敛？若收敛，是绝对收敛还是条件收敛？

1. $\displaystyle\sum_{n=1}^{\infty} (-1)^{n-1} \frac{1}{\sqrt[n]{n}}$

2. $\displaystyle\sum_{n=1}^{\infty} (-1)^n \frac{5n}{3^{n-1}}$

3. $\displaystyle\sum_{n=1}^{\infty} \frac{(-1)^{n-1}}{\sqrt{n+1}+\sqrt{n}}$

五、证明题

1. 设 $\lim\limits_{n\to\infty} a_n$ 存在，证明级数 $\sum\limits_{n=1}^{\infty}(a_n - a_{n+1})$ 收敛.

2. 证明：$\sum\limits_{n=1}^{\infty}(-1)^n\left(1-\cos\dfrac{\alpha}{n}\right)$ 绝对收敛（α 为常数且 $a\neq 0$）.

无穷级数（内容摘要二）

一、阿贝尔定理

若幂级数 $\sum\limits_{n=0}^{\infty} a_n x^n$ 在 x_0 处收敛（发散），则当 $|x| < |x_0|$（$|x| > |x_0|$）时，$\sum\limits_{n=0}^{\infty} a_n x^n$ 绝对收敛（发散）

注意：阿贝尔定理是解决幂级数收敛性问题的基本定理.

二、幂级数 $\sum\limits_{n=0}^{\infty} a_n x^n \left[\sum\limits_{n=0}^{\infty} a_n (x-x_0)^n\right]$ 的收敛半径，收敛区间，收敛域.

1. 幂级数不缺项：用公式求 $\lim\limits_{n\to\infty} \left|\dfrac{a_{n+1}}{a_n}\right| = \rho$，则收敛半径：$R = \dfrac{1}{\rho}$，收敛区间：$(-R, R)$ 或 (x_0-R, x_0+R). 再判别两端点，即常数项级数 $\sum\limits_{n=0}^{\infty} a_n R^n$、$\sum\limits_{n=0}^{\infty} a_n (-R)^n$ 的敛散性，则

$$收敛域＝收敛区间 \bigcup 收敛的端点$$

2. 幂级数缺项：求 $\lim\limits_{n\to\infty} \left|\dfrac{u_{n+1}(x)}{u_n(x)}\right| = |\rho(x)|$，这里 $u_n(x)$ 是幂级数的一般项.

解不等式：$|\rho(x)| < 1$，得收敛区间及收敛半径 R. 再判别二端点的敛散性得收敛域.

三、幂级数 $\sum\limits_{n=0}^{\infty} a_n x^n$ 的和函数 $\left[若为 \sum\limits_{n=0}^{\infty} a_n (x-x_0)^n，令 x-x_0＝t 类似计算\right]$.

1. 确定收敛区间 $(-R, R)$.

2. 在 $(-R, R)$ 内有和函数 $S(x) = \sum\limits_{n=0}^{\infty} a_n x^n$，先利用逐项微分或逐项积分，将要求和函数的幂级数化为一个已知其和函数的幂级数（如等比级数等），再逆运算求出 $S(x)$.

3. 补上收敛的端点，即在收敛域上求得和函数

注意：（1）对幂级数逐项微分逐项积分后收敛半径不变，但收敛区间两端点的敛散性可能改变.

（2）利用幂级数的和函数可求常数项级数的和（方法：对所给数项级数，构造相应的幂级数，求出和函数，则所求数项级数的和＝收敛域上某点的和函数值）

班级_____

姓名_____

无穷级数（练习二）

一、选择题

1. 设 $\sum\limits_{n=1}^{\infty} a_n x^n$ 的收敛半径 $R=2$，则 $\sum\limits_{n=1}^{\infty} n a_n (x-1)^n$ 的收敛区间是（   ）.

A. $(-2, 2)$ 　　　　 B. $(-1, 3)$ 　　　　 C. $(3, 4)$ 　　　　 D. $(1, 2)$

2. 级数 $\sum\limits_{n=1}^{\infty} (-1)^{n-1} \dfrac{x^{2n}}{3^n-1}$ 的收敛域是（   ）.

A. $(-3, 3)$ 　　　　 B. $[-3, 3)$ 　　　　 C. $(-\sqrt{3}, \sqrt{3})$ 　　 D. $(-\sqrt{3}, \sqrt{3}]$

3. 级数 $1 - \dfrac{x-1}{3\sqrt{2}} + \dfrac{(x-1)^2}{3^2\sqrt{3}} - \dfrac{(x-1)^3}{3^3\sqrt{4}} + \dfrac{(x-1)^4}{3^4\sqrt{5}} - \cdots$ 在其收敛区间的两个端点

处（   ）

A. 都发散 　　　　　　　　　　　 B. 都收敛

C. 左端点收敛，右端点发散 　　　　 D. 右端点收敛，左端点发散

4. 设 $u_n = (-1)^n \ln\left(1 + \dfrac{1}{\sqrt{n}}\right)$，则级数 $\sum\limits_{n=1}^{\infty} u_n$ 和 $\sum\limits_{n=1}^{\infty} u_n^2$ （   ）.

A. 都收敛 　　　　　　　　　　　 B. $\sum\limits_{n=1}^{\infty} u_n$ 收敛而 $\sum\limits_{n=1}^{\infty} u_n^2$ 发散

C. 都发散 　　　　　　　　　　　 D. $\sum\limits_{n=1}^{\infty} u_n$ 发散而 $\sum\limits_{n=1}^{\infty} u_n^2$ 收敛

5. 下列级数中条件收敛的是（   ）.

A. $\sum\limits_{n=1}^{\infty} \dfrac{(-1)^{n-1}}{n^2+1}$ 　　　　　　　　 B. $\sum\limits_{n=1}^{\infty} \dfrac{(-1)^{n-1}}{\left(1+\dfrac{1}{n}\right)^n}$

C. $\sum\limits_{n=1}^{\infty} \dfrac{(-1)^{n-1}}{\sqrt[3]{n+2}}$ 　　　　　　　　 D. $\sum\limits_{n=1}^{\infty} (-1)^n \left(e^{\frac{1}{n^2}} - 1\right)$

二、填空题

1. 若级数 $\sum\limits_{n=1}^{\infty} u_n$ 收敛于 S，则 $\sum\limits_{n=1}^{\infty} (u_n + u_{n+1}) =$ _____.

2. 级数 $\sum\limits_{n=1}^{\infty} (-1)^{n-1} \dfrac{1}{n^{2p}}$，当_____时绝对收敛，当_____

时条件收敛，当_____时发散.

3. 设幂级数 $\sum\limits_{n=0}^{\infty} a_n x^n$ 的收敛半径为 $R=3$，则幂级数 $\sum\limits_{n=1}^{\infty} a_n (x-1)^n$ 的收敛区间是____

_____.

4. 幂级数 $\sum\limits_{n=0}^{\infty} \dfrac{x^n}{(n+1)5^n}$ 的收敛半径 $R=$ _____，收敛区间为_____.

三、计算题：求幂级数的收敛半径、收敛区间、收敛域.

1. $\sum\limits_{n=0}^{\infty} \dfrac{2^n}{n^2+1} x^n$

2. $\sum\limits_{n=1}^{\infty} \dfrac{(x-3)^n}{n \cdot 3^n}$

3. $\sum\limits_{n=1}^{\infty} \dfrac{3^n+5^n}{n} x^n$

4. $\sum\limits_{n=1}^{\infty} \dfrac{(-1)^n x^{3n-1}}{n 8^n}$

四、判别下列级数的敛散性

1. $\sum\limits_{n=1}^{\infty} \dfrac{1}{\sqrt[n]{2}}$

2. $\sum\limits_{n=1}^{\infty}\left(\dfrac{na}{2n+1}\right)^{n}(a>0)$

五、证明题

设正项级数 $\sum\limits_{n=1}^{\infty}u_{n}$、$\sum\limits_{n=1}^{\infty}v_{n}$ 均收敛，试证明：（1）级数 $\sum\limits_{n=1}^{\infty}u_{n}^{2}$ 收敛；（2）级数 $\sum\limits_{n=1}^{\infty}u_{n}v_{n}$ 收敛．

无穷级数（内容摘要三）

一、泰勒（Taylor）中值定理：若函数 $f(x)$ 在含有 x_0 的某个开区间 (a, b) 内有直到 $(n+1)$ 阶导数，则 $\forall x \in (a, b)$，有

$$f(x) = f(x_0) + \frac{f'(x_0)}{1!}(x-x_0) + \frac{f''(x_0)}{2!}(x-x_0)^2 + \cdots + \frac{f^{(n)}(x_0)}{n!}(x-x_0)^n + R_n(x)$$

上式称为函数 $f(x)$ 在点 x_0 展开 [或按 $(x-x_0)$ 的幂展开] 的 n 阶 Taylor 公式.

其中 $R_n(x) = \begin{cases} \dfrac{f^{(n+1)}(\xi)}{(n+1)!}(x-x_0)^{n+1}(\xi 在 x 与 x_0 之间)，称为 Lagrange 型余项 \\ o[(x-x_0)^n]，称为皮亚诺(Peano)型余项 \end{cases}$

特别当 $x_0 = 0$ 时，有称为 $f(x)$ 带 Lagrange 型余项的 n 阶麦克劳林(Maclaurin)公式：

$$f(x) = f(0) + \frac{f'(0)}{1!}x + \frac{f''(0)}{2!}x^2 + \cdots + \frac{f^{(n)}(0)}{n!}x^n + \frac{f^{(n+1)}(\theta x)}{(n+1)!}x^{n+1} (0 < \theta < 1)$$

二、将函数 $f(x)$ 展开为幂级数

1. 充要条件：设 $f(x)$ 在点 x_0 的某邻域内具有任意阶导数，则

$$f(x) = \sum_{n=0}^{\infty} \frac{f^{(n)}(x_0)}{n!}(x-x_0)^n \Leftrightarrow \lim_{n \to \infty} R_n(x) = 0$$

其中 $R_n(x) = \frac{f^{(n+1)}(\xi)}{(n+1)!}(x-x_0)^{n+1}$，$\xi$ 在 x 与 x_0 间。

2. 展开方法（一般用间接法）

根据幂级数展开的唯一性，利用一些已知函数的展开式 [要求记住：e^x，$\sin x$，$\cos x$，$\ln(1+x)$，$\frac{1}{1\pm x}$，$(1+x)^m$ 的展开式和收敛域]，再通过对幂级数的运算（变量代换，恒等变形，四则运算，逐项微分或逐项积分等方法），将 $f(x)$ 展成幂级数. 最后指出成立的范围.

注意：关键记住 e^x、$\sin x$、$\frac{1}{1+x}$ 三个展开式

$$e^x = \sum_{n=0}^{\infty} \frac{x^n}{n!} = \sum_{n=1}^{\infty} \frac{x^{n-1}}{(n-1)!} \quad (-\infty < x < +\infty)$$

$$\sin x = \sum_{n=0}^{\infty} (-1)^n \frac{x^{2n+1}}{(2n+1)!} = \sum_{n=1}^{\infty} (-1)^{n-1} \frac{x^{2n-1}}{(2n-1)!} \quad (-\infty < x < +\infty)$$

$$\frac{1}{1+x} = \sum_{n=0}^{\infty} (-1)^n x^n = \sum_{n=1}^{\infty} (-1)^{n-1} x^{n-1} \quad (-1 < x < 1)$$

$$\frac{1}{1-x} = \frac{1}{1+(-x)} = \sum_{n=0}^{\infty} x^n$$

而 $\cos x$、$\ln(1+x)$ 可分别由 $\sin x$、$\frac{1}{1+x}$ 逐项微分和逐项积分得到.

注意：$\ln(1+x)$ 展开式在 $x=1$ 处收敛，收敛域：$-1 < x \leqslant 1$.

$$(1+x)^m = 1 + mx + \frac{m(m-1)}{2!}x^2 + \cdots + \frac{m(m-1)(m-2)\cdots(m-n+1)}{n!}x^n$$
$$+ \cdots (-1 < x < 1)$$

当 $m>0$ 时，收敛域为 $-1 \leqslant x \leqslant 1$.

当 $-1<m<0$ 时，收敛域为 $-1<x \leqslant 1$.

当 $m \leqslant -1$ 时，收敛域为 $-1<x<1$.

要求：（1）求幂级数的收敛半径，收敛区间，收敛域.

　　　（2）求幂级数的和函数.

　　　（3）将函数 $f(x)$ 展开为 x 或 $(x-x_0)$ 的幂级数.

班级＿＿＿＿＿＿＿＿

姓名＿＿＿＿＿＿＿＿

无穷级数（练习三）

一、选择题

1. 设级数 $\sum\limits_{n=1}^{\infty} u_n$ 收敛，则不一定有（   ）.

A. $\sum\limits_{n=1}^{\infty} k u_n$ 收敛

B. $\lim\limits_{n \to \infty} u_n = 0$

C. $\sum\limits_{n=1}^{\infty} (u_{2n-1} + u_{2n})$ 收敛

D. $\sum\limits_{n=1}^{\infty} |u_n|$ 收敛

2. 下列级数中绝对收敛的是（   ）.

A. $\sum\limits_{n=1}^{\infty} \dfrac{(-1)^{n-1}}{\sqrt{n+1} + \sqrt{n}}$

B. $\sum\limits_{n=1}^{\infty} (-1)^{n-1} \dfrac{1}{\sqrt[n]{n}}$

C. $\sum\limits_{n=1}^{\infty} (-1)^{n-1} \sin \dfrac{\pi}{n}$

D. $\sum\limits_{n=1}^{\infty} (-1)^n (e^{\frac{1}{n^2}} - 1)$

3. 函数 $\dfrac{x^4}{1-x^2}$ 展成 x 的幂级数是（   ）.

A. $\sum\limits_{n=1}^{\infty} x^{2n}$

B. $\sum\limits_{n=1}^{\infty} (-1)^n x^{2n}$

C. $\sum\limits_{n=2}^{\infty} x^{2n}$

D. $\sum\limits_{n=2}^{\infty} (-1)^n x^{2n}$

4. 级数 $1 - \dfrac{x-3}{3} + \dfrac{(x-3)^2}{3^2} + \cdots + (-1)^n \dfrac{(x-3)^n}{3^n} + \cdots$ 的和函数与收敛域是（   ）.

A. $\dfrac{3}{x}$，$0 < x < 6$

B. $\dfrac{3}{x}$，$0 < x \leqslant 6$

C. $\dfrac{1}{x-3}$，$-3 < x < 3$

D. $\dfrac{3}{x-3}$，$-3 < x < 3$

二、填空题

1. 函数 $f(x) = \dfrac{1}{2-x}$ 在 $x = 0$ 处展开的幂级数是＿＿＿＿＿＿＿＿＿＿＿＿．在 $x = 1$ 处展开的幂级数是＿＿＿＿＿＿＿＿＿＿＿＿（都要指出成立范围）.

2. 已知 $\dfrac{1}{1+x} = \sum\limits_{n=0}^{\infty} (-1)^n x^n (|x| < 1)$，若 $\dfrac{1}{3+x} = \sum\limits_{n=0}^{\infty} a_n (x-1)^n (|x-1| < 4)$，则 $a_n = $＿＿＿＿＿＿＿＿＿＿＿＿．

3. 级数 $1 + 2x^2 + 4x^4 + \cdots + 2^n x^{2n} + \cdots$ 的和函数是＿＿＿＿＿＿＿＿＿＿＿＿，收敛区间是＿＿＿＿＿＿＿＿＿＿＿＿．

4. 级数 $1 + \dfrac{x-2}{2} + \dfrac{(x-2)^2}{2^2} + \cdots + \dfrac{(x-2)^n}{2^n} + \cdots$ 在（0，4）内的和函数是＿＿＿＿＿＿＿＿＿＿＿＿．

5. $f(x) = \dfrac{1}{x}$ 展开为 $(x-2)$ 的幂级数为 _____，收敛域为 _____.

三、计算下列各题

1. 求 $\displaystyle\sum_{n=1}^{\infty} (-1)^{n-1} \dfrac{x^{2n-1}}{2n-1}$ 的和函数 $s(x)$.

2. 求 $\displaystyle\sum_{n=1}^{\infty} nx^n$ 的和函数，并求数项级数 $\displaystyle\sum_{n=1}^{\infty} \dfrac{n}{2^{n-1}}$ 的和.

3. 将 $f(x) = e^x$ 展开成 $(x-1)$ 的幂级数.

4. 将 $f(x) = \cos x$ 展开成 $\left(x + \dfrac{\pi}{3}\right)$ 的幂级数.

5. 将 $f(x) = \dfrac{1}{x^2 + 3x + 2}$ 分别展开成 x 的幂级数和 $(x+4)$ 的幂级数.

班级＿＿＿＿＿＿＿＿

姓名＿＿＿＿＿＿＿＿

无穷级数（复习题）

一、选择题

1. 当 n 充分大时，有（ ），则由 $\sum\limits_{n=1}^{\infty} b_n$ 发散可确定 $\sum\limits_{n=1}^{\infty} a_n$ 发散.

A. $a_n \geqslant b_n$ B. $|a_n| \geqslant b_n$ C. $a_n \geqslant |b_n|$ D. $|a_n| \geqslant |b_n|$

2. 如果级数 $\sum\limits_{n=1}^{\infty} u_n$ 收敛，则级数 $\sum\limits_{n=1}^{\infty}\left[u_n + \left(\dfrac{1}{2}\right)^n\right]$ 与 $\sum\limits_{n=1}^{\infty} \dfrac{1}{u_n}(u_n \neq 0)$（ ）.

A. 都收敛

B. 第一个收敛，第二个发散

C. 第一个发散，第二个收敛

D. 都发散

3. 下列级数中绝对收敛的是（ ）

A. $\sum\limits_{n=1}^{\infty} \dfrac{(-1)^{n-1}}{\sqrt{n+1}+\sqrt{n}}$ B. $\sum\limits_{n=1}^{\infty}(-1)^{n-1}\dfrac{1}{\sqrt[n]{n}}$

C. $\sum\limits_{n=1}^{\infty}(-1)^{n-1}\sin\dfrac{\pi}{n}$ D. $\sum\limits_{n=1}^{\infty}(-1)^n(\mathrm{e}^{\frac{1}{n^2}}-1)$

4. 设 α 是常数，则级数 $\sum\limits_{n=1}^{\infty}\left(\dfrac{\cos n\alpha}{\sqrt{n^3}}-\dfrac{1}{\sqrt{n}}\right)$（ ）.

A. 发散

B. 条件收敛

C. 绝对收敛

D. 收敛性与 α 有关

5. 幂级数 $\sum\limits_{n=0}^{\infty} \dfrac{a^n-b^n}{a^n+b^n}x^n(0<a<b)$，则 $R=$（ ）.

A. b B. $\dfrac{1}{a}$ C. $\dfrac{1}{b}$ D. R 的值与 a、b 无关

6. 幂级数 $\sum\limits_{n=0}^{\infty} a_n(x-2)^n$ 在 $x=-2$ 处收敛，则在 $x=5$ 处 （ ）.

A. 发散   B. 条件收敛   C. 绝对收敛   D. 收敛性不确定

二、填空题

1. 级数 $\sum\limits_{n=1}^{\infty} \dfrac{n^2+2^n}{n^2 \cdot 2^n}$ 的收敛性为＿＿＿＿＿＿＿.

2. 数项级数 $\sum\limits_{n=1}^{\infty} \dfrac{1}{n^a}\sin\dfrac{\pi}{n}$，当＿＿＿＿＿＿＿时收敛，当＿＿＿＿＿＿＿时发散.

3. 设 $\sum\limits_{n=1}^{\infty} a_n(x-1)^n$ 的收敛域是 $(-1,3]$，则 $\sum\limits_{n=1}^{\infty} a_n(x)^{2n}$ 的收敛域是＿＿＿＿＿＿＿.

4. 利用 $f(x)=x\mathrm{e}^{-x}$ 的麦克劳林级数，求 $f^{(5)}(0)=$＿＿＿＿＿＿＿.

5. 若幂级数 $\sum\limits_{n=0}^{\infty} a_n(x-1)^n$ 在 $x=3$ 处条件收敛，则 $R=$＿＿＿＿＿＿＿.

三、判断下列正项级数的敛散性

1. $\sum\limits_{n=1}^{\infty}\int_0^{\frac{1}{n}}\dfrac{\sqrt{x}}{1+x^2}\mathrm{d}x$

2. $\sum\limits_{n=1}^{\infty}\dfrac{a^n}{1+a^{2n}}(a>0)$

四、判断下列级数是否收敛？若收敛，是绝对收敛还是条件收敛？

1. $\sum\limits_{n=1}^{\infty}(-1)^{n-1}\dfrac{1}{\pi^{n+1}}\sin\dfrac{\pi}{n+1}$

2. $\sum\limits_{n=1}^{\infty}(-1)^{n-1}\dfrac{1}{\ln(n+1)}$

五、计算题

1. 求 $f(x)=\ln(3+2x)$ 在 $x=0$ 的幂级数.

2. 将 $f(x)=\dfrac{3x}{2x^2+x-1}$ 分别展开成 x 的幂级数和 $(x-1)$ 的幂级数.

六、证明题

1. 若正项级数 $\sum\limits_{n=1}^{\infty}a_n$、$\sum\limits_{n=1}^{\infty}b_n$ 都收敛，用比较法证明 $\sum\limits_{n=1}^{\infty}\sqrt{a_nb_n}$ 和 $\sum\limits_{n=1}^{\infty}\dfrac{\sqrt{a_n}}{n}$ 也收敛.

2. 证明：$\sum\limits_{n=1}^{\infty}\dfrac{1}{n\cdot 2^n}=\ln 2$.

第九章 微 分 方 程

微分方程（内容摘要一）

一、基本概念

1. 微分方程：含未知函数的导数或微分的方程.

2. 微分方程的阶：未知函数导数的最高阶.

3. 微分方程的解：使方程成为恒等式的函数（解的图形也称为方程的积分曲线）.

4. 通解：含任意常数的方程的解，且常数个数同阶数.

5. 特解：确定了常数的解.

6. 初始条件：确定任意常数 C 的条件.

7. 初值问题：求微分方程满足初始条件的特解的问题.

二、几类特殊的一阶微分方程

1. 可分离变量的微分方程：形如 $\dfrac{\mathrm{d}y}{\mathrm{d}x}=f(x)g(y)$　或　$M(y)\mathrm{d}y=N(x)\mathrm{d}x$

解法：分离变量 $\dfrac{\mathrm{d}y}{g(y)}=f(x)\mathrm{d}x$，两边各自积分：$\displaystyle\int\dfrac{\mathrm{d}y}{g(y)}=\int f(x)\mathrm{d}x$，得通解.

2. 齐次方程：形如 $\dfrac{\mathrm{d}y}{\mathrm{d}x}=\varphi\left(\dfrac{y}{x}\right)$　或　$\dfrac{\mathrm{d}x}{\mathrm{d}y}=\phi\left(\dfrac{x}{y}\right)$

解法：作代换 $u=\dfrac{y}{x}$（或 $v=\dfrac{x}{y}$），则 $y=ux$，$\dfrac{\mathrm{d}y}{\mathrm{d}x}=u+x\dfrac{\mathrm{d}u}{\mathrm{d}x}$，代入原方程化为关于 x 和 u 的可分离变量方程，求得解后代回 $u=\dfrac{y}{x}$.

3. 一阶线性微分方程：形如 $\dfrac{\mathrm{d}y}{\mathrm{d}x}+P(x)y=Q(x)$　或　$\dfrac{\mathrm{d}x}{\mathrm{d}y}+P(y)x=Q(y)$

当 $Q(x)=0$ 时，称一阶齐次线性微分方程. 用分离变量法得通解公式：$y=Ce^{-\int P(x)\mathrm{d}x}$

当 $Q(x)\neq0$ 时，称一阶非齐次线性微分方程. 用常数变易法可得通解公式：

$$y=e^{-\int P(x)\mathrm{d}x}\left[C+\int Q(x)e^{\int P(x)\mathrm{d}x}\mathrm{d}x\right]$$

注意：（1）公式中的不定积分不再带任意常数，如 $e^{-\int\frac{2}{x}\mathrm{d}x}=\dfrac{1}{x^2}\left(e^{-\int\frac{2}{x}\mathrm{d}x}\neq-\dfrac{1}{x^2}\right)$.

（2）常数变易法：先求 $\dfrac{\mathrm{d}y}{\mathrm{d}x}+P(x)y=0$ 的通解 $y=Ce^{-\int P(x)\mathrm{d}x}$；再令 $C=u(x)$，

　　即 $y=u(x)e^{-\int P(x)\mathrm{d}x}$ 为原方程的解，代入求得 $u(x)$ 的通解，从而得要求方程的通解.

三、可降阶的高阶微分方程

1. $y^{(n)}=f(x)$ 型

解法：直接积分 n 次，得含 n 个任意常数的通解.

2. $y''=f(x,y')$ 型　（特点：不显含未知函数 y）

解法：令 $y'=p(x)$，则 $y''=\dfrac{\mathrm{d}p}{\mathrm{d}x}$. 代入原方程得 $\dfrac{\mathrm{d}p}{\mathrm{d}x}=f(x,\ p)$，这是关于 x 和 p 的一阶微分方程，求得解 $p(x)$. 再代入 $y'=p(x)$，积分得要求微分方程的通解.

3. $y''=f(y,\ y')$ 型　（特点：不显含变量 x）

解法：令 $y'=p(y)$，则 $y''=p\,\dfrac{\mathrm{d}p}{\mathrm{d}y}$. 代入原方程得 $p\,\dfrac{\mathrm{d}p}{\mathrm{d}y}=f(y,\ p)$，这是关于 y 和 p 的一阶微分方程，求得解 $p\ (y)$. 再代入 $y'=\dfrac{\mathrm{d}y}{\mathrm{d}x}=p(y)$，用分离变量法求得原方程的通解.

注意：（1）对任意常数 C 的运算仍然是任意常数，要做到化简.

（2）$\ln ab=\ln a+\ln b$；$\ln \dfrac{a}{b}=\ln a-\ln b$；$\mathrm{e}^{\ln a}=a$；$a\ln b=\ln b^{a}$

如 $\ln y=\ln x+\ln c \Rightarrow y=cx$；$-\ln y=2\ln x+\ln c \Rightarrow \dfrac{1}{y}=cx^{2}$

要求：（1）求解三种类型的一阶微分方程（可分离变量型，齐次方程，一阶线性方程）.

（2）判断并求解简单的可降阶的二阶微分方程.

班级＿＿＿＿＿＿＿

姓名＿＿＿＿＿＿＿

微分方程（练习一）

一、选择题

1. 微分方程 $x^3(y'')^4 - yy'^2 = 0$ 的阶数是（　　　）.

A. 1

B. 2

C. 3

D. 4

2. 微分方程 $xy''' + y' - x^4 = 2$ 的通解中应含有任意常数的个数是（　　　）.

A. 1

B. 2

C. 3

D. 4

3. 方程 $(x+1)(y^2+1)\mathrm{d}x + x^2y^2\mathrm{d}y = 0$ 是（　　　）.

A. 齐次方程

B. 可分离变量方程

C. 一阶齐次线性方程

D. 一阶非齐次线性方程

4. 下列方程中为线性微分方程的是（　　　）.

A. $y' = x\sin y + \mathrm{e}^x$

B. $y' + y^2 = 1$

C. $\mathrm{d}y = y\ln x\mathrm{d}x + \mathrm{e}^x\mathrm{d}x$

D. $yy' + y = x$

5. 一曲线在它的任意一点 (x, y) 处的切线斜率都是 $-\dfrac{2x}{y}$，则这曲线是（　　　）.

A. 直线

B. 抛物线

C. 圆周

D. 椭圆

6. 下列方程中为可降阶的二阶微分方程是（　　　）.

A. $y'' + xy = 1$

B. $xy'' + (y')^2 = 5$

C. $y'' = x\mathrm{e}^x + y$

D. $(1+x^2)y'' = (1+x)y$

7. 设曲线 $y = f(x)$ 满足 $y'' = 6x$，且点 $(0, 1)$ 处的切线为 $y = 2x + 1$，则曲线方程为（　　　）.

A. $y = x^3 - 2x$

B. $y = x^3 - 2x + 1$

C. $y = x^3 + 2x$

D. $y = x^3 + 2x - 1$

二、填空题

1. 与积分方程 $y = \displaystyle\int_{x_0}^{x} f(x, y)\mathrm{d}x$ 等价的微分方程初值问题是＿＿＿＿＿＿＿＿＿＿.

2. 已知曲线上任意一点处的切线斜率为该点的横坐标与纵坐标的乘积，则该曲线的坐标满足的微分方程是＿＿＿＿＿＿＿＿＿＿.

3. 已知 $y(x)$ 满足 $xy' = y\ln\dfrac{y}{x}$，且在 $x = 1$ 时 $y = \mathrm{e}^2$，则当 $x = -1$ 时，$y = $＿＿＿＿＿＿＿＿＿＿.

4. 初值问题：$\dfrac{\mathrm{d}y}{\mathrm{d}x} = (y-1)\tan x, y(0) = 2$ 的解是＿＿＿＿＿＿＿＿＿＿.

5. $y' - y = \mathrm{e}^x$ 的通解是＿＿＿＿＿＿＿＿＿＿.

三、求解下列微分方程

1. $(y+1)^2 \dfrac{\mathrm{d}y}{\mathrm{d}x} + x^3 = 0$

2. 初值问题：$\begin{cases} \cos x \sin y \mathrm{d}y = \cos y \sin x \mathrm{d}x \\ y\big|_{x=0} = \dfrac{\pi}{4} \end{cases}$

3. $xy\mathrm{d}y + \mathrm{d}x = y^2\mathrm{d}x + y\mathrm{d}y$

4. $x^2 y' = xy - y^2$

5. 初值问题：$\begin{cases} x\ln x\mathrm{d}y + (y - \ln x)\,\mathrm{d}x = 0 \\ y\big|_{x=e} = 1 \end{cases}$

6. $xy'' + y' = 0$

7. 初值问题：$\begin{cases} yy'' - y'^2 = 0 \\ y\big|_{x=0} = 1, \ y'\big|_{x=0} = 2 \end{cases}$

四、设函数 $f(x)$ 可导，且满足方程：$f(x) = \displaystyle\int_0^{3x} f\left(\frac{t}{3}\right) \mathrm{d}t + \mathrm{e}^{2x}$，求 $f(x)$.

五、设有联结点 $O(0，0)$ 和 $A(1，1)$ 的一段向上凸的曲线弧 $O\overset{\frown}{A}$，对于 $O\overset{\frown}{A}$ 弧上任一点 $P(x，y)$，曲线弧 $O\overset{\frown}{P}$ 与直线段 $\overline{OP}$ 所围面积为 x^2，求曲线弧 $O\overset{\frown}{A}$ 的方程.

微分方程（内容摘要二）

一、二阶线性微分方程解的结构

1. 二阶齐次线性微分方程：$y''+P(x)y'+Q(x)y=0$　　　　　　　　　　　　(1)

结论：设 $y_1(x)$，$y_2(x)$ 是方程（1）的两个线性无关 $\left(\dfrac{y_1(x)}{y_2(x)}\neq C\right)$ 的特解，则 $y=C_1y_1(x)+C_2y_2(x)$ 是方程（1）的通解．

2. 二阶非齐次线性微分方程：　　$y''+P(x)y'+Q(x)y=f(x)$　　　　　　(2)

结论：方程（2）的通解是 $y=y^*(x)+C_1y_1(x)+C_2y_2(x)$

其中，$y^*(x)$ 是方程（2）的特解，$C_1y_1(x)+C_2y_2(x)$ 是方程（1）的通解．

3. 叠加原理：设 $y_1^*(x)$、$y_2^*(x)$ 分别是方程 $y''+P(x)y'+Q(x)y=f_1(x)$ 和 $y''+P(x)y'+Q(x)y=f_2(x)$ 的两个特解，则 $y^*=y_1^*(x)+y_2^*(x)$ 是方程 $y''+P(x)y'+Q(x)y=f_1(x)+f_2(x)$ 的特解．

二、二阶常系数齐次线性微分方程：形如　　$y''+py'+qy=0$　　（p,q 是常数）　　(3)

二阶常系数齐次线性微分方程的通解完全解决，具体步骤如下：

(1) 写出特征方程：$r^2+pr+q=0$（是二次代数方程），求出特征根 r_1，r_2．

(2) 求出通解，不外乎下面三种情形 $\begin{cases} y=C_1\mathrm{e}^{r_1x}+C_2\mathrm{e}^{r_2x}, r_1\neq r_2 \\ y=(C_1+C_2x)\mathrm{e}^{rx}, r_1=r_2=r \\ y=\mathrm{e}^{\alpha x}(C_1\cos\beta x+C_2\sin\beta x), r_{1,2}=\alpha\pm i\beta \end{cases}$

三、二阶常系数非齐次线性微分方程：形如　　$y''+py'+qy=f(x)$（p,q 是常数）(4)

通解：$y=$（4）的特解 $y^*(x)+$（3）的通解 ［（3）的通解已解决］

用待定系数法求方程（4）的特解 $y^*(x)$，一般有两种情形：

(1) $f(x)=\mathrm{e}^{\lambda x}P_m(x)$ 型，则设 $y^*(x)=x^kQ_m(x)\mathrm{e}^{\lambda x}$．

其中 $Q_m(x)$ 为系数待定的 m 次多项式［与 $P_m(x)$ 的次数相同］，

$k=\begin{cases} 0, \text{当} \lambda \text{非特征根} \\ 1, \text{当} \lambda \text{是特征单根.} \\ 2, \text{当} \lambda \text{是特征重根} \end{cases}$

(2) $f(x)=\mathrm{e}^{\lambda x}\left[P_l(x)\cos\omega x+Q_n(x)\sin\omega x\right]$ 型，则设

$y^*(x)=x^k\mathrm{e}^{\lambda x}\left[S_m(x)\cos\omega x+T_m(x)\sin\omega x\right], m=\max\{l,n\}, k=\begin{cases} 0, \lambda\pm i\omega \text{ 非特征根} \\ 1, \lambda\pm i\omega \text{ 是特征根} \end{cases}$

求解二阶常系数非齐次线性微分方程：$y''+py'+qy=f(x)$ 的具体步骤如下：

(1) 写出对应齐次方程的特征方程 $r^2+pr+q=0$，求出特征根 r_1，r_2．

(2) 根据特征根的不同情形写出对应齐次方程的通解 $Y(x)=C_1y_1(x)+C_2y_2(x)$．

(3) 根据 $f(x)$ 的不同类型，设出特解 $y^*(x)$ 的形式．

(4) 把 $y^*(x)$ 代入要求的方程中，比较两边的系数，求得特解 $y^*(x)$．

(5) 写出要求的方程 $y''+py'+qy=f(x)$ 的通解 $y=y^*(x)+Y(x)$．

四、应用

1. 了解简单的物理应用，如放射性元素的衰变、弹簧的振动等．

2. 求曲线方程．一般方法：根据题意建立微分方程，确定初始条件，判断类型求解．

3. 求满足某方程的函数. 一般方法：二边求导（常用到积分上限函数的导数），得到一个微分方程，判断类型求解. 初始条件往往从原方程取特殊的 x 确定.

注意：求解微分方程要做到首先判断阶数，再判断类型，用相应的方法解决.

五、差分方程

一阶常系数齐次线性差分方程

1. 标准形式：$y_{t+1} - ay_t = 0$.

2. 解法：特征方程 $r - a = 0$，得特征根 $r = a$，则方程的通解为 $y(t) = Ca^t$.

一阶常系数非齐次差分方程

1. 标准形式：$y_{t+1} - ay_t = f(t)$，其中非齐次项 $f(t) = b^t Q_m(t)$ （$b \neq 0$）.

2. 解的结构.

定理：设 $\overline{y_t}$ 为对应齐次方程的通解，y_t^* 为非齐次方程的一个特解，则 $y_t = \overline{y} + y_t^*$ 为非齐次方程的通解.

3. 解法：（1）先求先求齐次方程的通解 $\overline{y_t} = Ca^t$.

（2）设非齐次方程的特解 $y_t^* = \begin{cases} b^t Q_m\ (t)，b \text{ 不是特征根 } a \\ b^t t Q_m\ (t)，b \text{ 是特征根 } a \end{cases}$.

（3）通解为 $y_t = \overline{y_t} + y_t^*$.

要求：

（1）求解二阶常系数齐次线性微分方程：$y'' + py' + qy = 0$.

（2）求解二阶常系数非齐次线性微分方程：$y'' + py' + qy = \mathrm{e}^{\lambda x} P_m(x)$.

（3）设方程：$y'' + py' + qy = \mathrm{e}^{\lambda x}[P_l(x)\cos\omega x + Q_n(x)\sin\omega x]$ 特解 $y^*\ (x)$ 的形式.

（4）求满足微分方程的函数和曲线方程.

班级_____
姓名_____

微分方程（练习二）

一、选择题

1. 方程 $y'' + y = 0$ 的通解为（　　　）.

A. $c_1 e^x + c_2 e^{-x}$　　　B. $(c_1 + c_2 x) e^x$　　　C. $(c_1 + c_2 x) e^{-x}$　　　D. $c_1 \sin x + c_2 \cos x$

2. 已知 $r_1 = 0$，$r_2 = 2$ 是微分方程 $y'' + py' + qy = 0$ 的两个特征根，则微分方程为（　　）.

A. $y'' + 2y' = 0$　　　B. $y'' - 2y' = 0$　　　C. $y'' + 2y = 0$　　　D. $y'' - 2y = 0$

3. 设 $r_1 = 1$，$r_2 = 2$ 是 $y'' + py' + qy = x^2 e^{-2x}$ 的两个特征根，则方程的特解形式 $y^* = (\quad)$.

A. $a x^2 e^{-2x}$

B. $x(ax^2 + bx + c) e^{-2x}$

C. $(ax^2 + bx + c) e^{-2x}$

D. $(ax^2 + bx + c) e^{2x}$

4. 若 y_1 与 y_2 是方程 $y'' + py' + qy = f(x)$ 的两个特解，则下述结论正确的是（　　）.

A. $y_1 + y_2$ 也是方程的解

B. $y_1 - y_2$ 也是方程的解

C. $y_1 + y_2$ 是对应的齐次方程的解

D. $y_1 - y_2$ 是对应的齐次方程的解

5. 下述各式中是差分方程 $y_{t+1} - y_t = t^2 - 1$ 的特解形式的是（　　　）.

A. $y_t^* = At^2 + B$

B. $y_t^* = t(At^2 + Bt + C)$

C. $y_t^* = At^2 + Bt + C$

D. $y_t^* = At^3 + Bt^2$

二、填空题

1. 以 $y = c_1 e^x + c_2 e^{2x}$（其中 c_1、c_2 为任意常数）为通解的微分方程是_____.

2. 方程 $y'' + 2\sqrt{2} y' + 2y = 0$ 的通解 $y =$ _____.

3. 方程 $y'' - 10y' + 9y = e^{2x}$ 的一个特解为 $y^* = -\dfrac{1}{7} e^{2x}$，则它的通解为_____.

4. 方程 $y'' + 3y' + 2y = e^{-x} \cos x$ 的特解应设为 $y^* =$ _____.

5. 差分方程 $y_{t+1} + y_t = 40 + 6t^2$ 的通解为_____.

三、求解下列各题

1. $y'' - 2y' + 2y = e^x$

2. $y'' + y' = x^2 + 2x$

3. $\begin{cases} y_{t+1} + y_t = 2t^2 \\ y_0 = 0 \end{cases}$

4. 初值问题：$\begin{cases} y'' + y' - 6y = 6e^{3x} \\ y(0) = 1, y'(0) = 4 \end{cases}$

5. $\begin{cases} y'' - y = 4xe^x \\ y\big|_{x=0} = 0, y'\big|_{x=0} = 1 \end{cases}$

6. $y'' + 5y = \cos x$

7. 已知 $y=(x+1)e^x$ 是 $y'+2y=f(x)$ 的解，求 $y''+3y'+2y=f(x)$ 的通解.

四、求曲线 $y=y(x)$ 使其：(1) 满足方程 $y''-4y'+3y=0$；(2) 在点 (0，2) 与直线 $x-y+2=0$ 相切.

五、设可导函数 $\phi(x)$ 满足 $\phi(x)\cos x+2\int_0^x \phi(t)\sin t\,\mathrm{d}t = x+1$，求 $\phi(x)$.

班级＿＿＿＿＿＿＿

姓名＿＿＿＿＿＿＿

微分方程（复习题）

一、选择题

1. 方程 $y' - \dfrac{1}{x}y = 1$ 满足 $y\mid_{x=1} = 1$ 的特解为（　　　）.

A. $y = (2x-1)(1-\ln x)$ 　　　　B. $y = (2x-1)(2+\ln x)$

C. $y = x(1-\ln x)$ 　　　　D. $y = x(1+\ln x)$

2. 微分方程 $y'' - 5y' + 6y = xe^{2x}$ 的特解应设为（　　　）.

A. axe^{2x} 　　B. ax^2e^{2x} 　　C. $(ax+b)e^{2x}$ 　　D. $x(ax+b)e^{2x}$

3. 已知 $y_1 = 1$，$y_2 = x$，$y_3 = x^2$ 是二阶非齐次线性微分方程：$y'' + P(x)y' + Q(x)y = f(x)$ 的三个解，则以下不是该方程通解的是（　　　）.

A. $c_1(x-1) + c_2(x^2-1) + 1$ 　　B. $c_1(x-1) + c_2(x^2-x) + x$

C. $c_1 + c_2x + x^2$ 　　D. $c_1(x-1) + c_2(x^2-1) + x^2$

4. 若 $f(x)$ 为连续函数，且满足 $f(x) = \displaystyle\int_0^{5x} f\left(\dfrac{t}{5}\right)\mathrm{d}t + \ln 5$，则 $f(x) = ($　　　$)$.

A. $e^x + \ln 5$ 　　B. $e^{5x}\ln 5$ 　　C. $5e^x + \ln 5$ 　　　D. $e^{5x} + \ln 5$

5. 方程 $y'' - y' = e^x + 1$ 的特解形式为（　　　）.

A. $ae^x + b$ 　　　　　　　　B. $axe^x + b$

C. $ae^x + bx$ 　　　　　　　　D. $axe^x + bx$

二、填空题

1. 已知曲线上点 $P(x, y)$ 处的切线在纵轴上的截距等于切点的横坐标，则此曲线所满足的微分方程是＿＿＿＿＿＿＿.

2. 以 $y = (c_1 + c_2x)e^x$ 为通解的二阶常系数线性齐次方程为＿＿＿＿＿＿＿＿.

3. 方程 $y'' - 4y' + 4y = e^{2x} + e^x + 1$ 特解的形式是＿＿＿＿＿＿＿＿＿＿.

4. 差分方程 $y_{t+1} - 3y_t = t2^t$ 的特解形式为 $y^* = $＿＿＿＿＿＿.

5. 方程 $y'' - 6y' + 9y = (x+1)e^{3x}$ 的特解应设为 $y^* = $＿＿＿＿＿＿＿＿＿.

三、计算题

1. $xy'\ln x + y = ax(\ln x + 1)$

153

2. $\dfrac{\mathrm{d}y}{\mathrm{d}x} = -\dfrac{x^2 + x^3 + y}{1 + x}$

3. $y'' + 2y' - 3y = \mathrm{e}^{-3x}$

4. $y'' + 5y' + 4y = 3 - 2x$

5. $y'' + y' = \sin x$

6. $\begin{cases} y'' - ay'^2 = 0 \\ y\big|_{x=0} = 0, \ y'\big|_{x=0} = -1 \end{cases}$

7. $y'' - 3y' + 2y = x\mathrm{e}^x$

8. $2y_{t+1} - y_t = t$

四、设连续函数 $\varphi(x)$ 满足：$\varphi(x) = \mathrm{e}^x + \displaystyle\int_0^x t\varphi(t)\,\mathrm{d}t - x\int_0^x \varphi(t)\,\mathrm{d}t$，求 $\varphi(x)$．

五、设 $y = f(x)$ 是第一象限内连接点 $A(0，1)$ 和 $B(1，0)$ 的连续曲线，$M(x，y)$ 是该曲线上的任意一点，点 C 为 M 在 x 轴上的投影，O 为坐标原点，若梯形 $OCMA$ 与曲边三角形 CBM 的面积之和为 $\dfrac{x^3}{6} + \dfrac{1}{3}$，求 $f(x)$ 的表达式．

参 考 文 献

［1］ 贺建辉. 微积分（上册）［M］. 北京：中国水利水电出版社，2016.

［2］ 贺建辉. 微积分（下册）［M］. 北京：中国水利水电出版社，2016.

［3］ 吴传生. 经济数学——微积分学习辅导与习题选讲［M］. 2版. 北京：高等教育出版社，2009.

［4］ 同济大学应用数学系. 高等数学［M］. 5版. 北京：高等教育出版社，2002.

［5］ 张彤. 微积分［M］. 北京：高等教育出版社，2011.

［6］ 苏德旷. 微积分［M］. 北京：高等教育出版社，2008.

［7］ 胡桂华，吴明华. 微积分［M］. 北京：高等教育出版社，2011.

［8］ 黄玉娟等. 经济数学——微积分［M］. 北京：中国水利水电出版 2014.

［9］ 吴赣昌. 微积分（经管类）［M］. 4版. 北京：中国人民大学出版社，2011.

［10］ 吴传生. 经济数学——微积分［M］. 2版. 北京：高等教育出版社，2009.